乡村聚落保护发展理论与方法丛书

河北传统村落空间特征研究

SPATIAL CHARACTERISTICS
RESEARCH ON HEBEI
HISTORIC VILLAGES

甘振坤 著

中国建筑工业出版社

审图号：冀S（2025）002号

图书在版编目（CIP）数据

河北传统村落空间特征研究＝SPATIAL
CHARACTERISTICS RESEARCH ON HEBEI HISTORIC
VILLAGES / 甘振坤著. -- 北京：中国建筑工业出版社，
2024. 10. --（乡村聚落保护发展理论与方法丛书）.
ISBN 978-7-112-30264-2

Ⅰ. TU982.29

中国国家版本馆CIP数据核字第20241YK309号

责任编辑：张　建
书籍设计：甘振坤　锋尚设计
责任校对：赵　力

乡村聚落保护发展理论与方法丛书

河北传统村落空间特征研究

SPATIAL CHARACTERISTICS RESEARCH
ON HEBEI HISTORIC VILLAGES

甘振坤　著

＊

中国建筑工业出版社出版、发行（北京海淀三里河路9号）

各地新华书店、建筑书店经销

北京锋尚制版有限公司制版

北京中科印刷有限公司印刷

＊

开本：787毫米×1092毫米　1/16　印张：15　字数：268千字

2024年8月第一版　　2024年8月第一次印刷

定价：**78.00**元

ISBN 978-7-112-30264-2

（43620）

丛书序

我国传统村落是世界上规模最大、内容和价值最丰富、保护得最完整的农耕文明遗产，是传承中华优秀传统文化的宝贵"基因库"，更是连接历史与未来的文化纽带。自2012年至今，住房和城乡建设部牵头，组织遴选了8155个中国传统村落，并先后在市县范围开展传统村落集中连片保护利用示范工作，为传统村落的保护与发展奠定了坚实的基础。

近年来，传统村落的保护利用虽然取得了显著成效，但依然面临人口流失、建筑衰败、文化传承断裂等多重挑战。传统村落中的每一条街巷、每一座老宅、每一口古井、每一棵古树……都承载着先辈的智慧与汗水，见证着历史，延续着生活。如何守望这些传统村落，赓续其文脉和价值，成为我们共同肩负的使命。因此，保护传统村落，不仅是对物质文化遗产的珍视，也是对非物质文化遗产的传承，更是对村落中独特人文记忆与精神血脉的守护。唯有在现代化进程中牢牢守护这些文化根脉，我们的发展之路才能既具有深度，又充满温度。

我们的团队持续开展传统村落保护发展的研究及实践已逾30年，先后主持承担国家自然科学基金、国家科技支撑计划、住房和城乡建设部科技计划、北京市科技与社科专项等国家级、省部级科研项目，以及传统村落领域的规划设计项目多项。培养博士、硕士研究生百余人，形成了研究报告、学位论文等学术成果。在中国建筑工业出版社的大力支持下，现以"乡村聚落保护发展理论与方法丛书"的形式出版发行。

本丛书的设置主要基于国家自然科学基金重点项目"中国传统村落保护发展的理论与方法研究"（项目批准号：51938002）的资助；同时，也是团队近年来在传统村落领域所承担的国家自然科学基金青年项目（项目批准号：51808023、52108036）、面上项目（项目批准号：

50978011、51278023、51678023、51878021），以及规划设计实践项目的成果总结。我们团队对传统村落保护发展的研究仍将继续，希望通过更加丰富、多元的视角来不断深化对传统村落的研究与探索。

作为团队研究成果的系列展示，本丛书涉及传统村落的规划选址、空间特征、建筑营造、价值评估、保护发展及防灾减灾等多个方面。旨在通过对传统村落保护与发展的内在逻辑与实践路径的探索，构建一套全面、系统、科学的理论与方法体系，为传统村落的保护与发展提供强有力的理论、方法与技术支撑。同时，也特别希望本丛书能够为相关领域的理论研究者和实践工作者提供一些有益的借鉴和启示，共同推动传统村落保护与发展事业的蓬勃发展。

最后，谨向所有参与本丛书编写的学者表示衷心的感谢。愿我们携手并进，共同守护好这份宝贵的文化遗产，让传统村落在新时代的阳光下生生不息，绽放出更加璀璨的光芒，为中华民族的伟大复兴贡献力量。

2023年6月于北京

前言

河北省南北跨度达700余公里，是我国唯一兼有平原、丘陵、山地、草原、高原、湖泊、海滨等多种地貌的省份；与此同时，河北作为中华文明的重要发祥地之一，多种类型的传统文化遍布省内各地，造就了复杂多变的传统村落生成环境。现存分布在邯郸、邢台、石家庄、保定、张家口等地的传统村落，作为自然与文化遗产的物质载体，呈现出极强的多元性和融合性。

本书以河北省境内206个国家级传统村落（第一至第五批入选中国传统村落名录的村落）为样本，基于区域的历史、地理视角，开展传统村落空间"宏观-中观-中微观"维度的系统研究。首先，运用综合要素叠置的方法，划分出河北传统村落研究的7个片区及7个亚区。针对其中样本量充足、可开展类型化研究的4个片区，分别剖析各区域内与村落空间形成关系密切的环境要素。其次，在中观层面归纳河北传统村落不同区域间的选址模式，解析自然因素与人文因素主导下村落的整体布局形态，提取典型空间骨架结构，总结村落中心与边界的要素构成。再次，从街巷空间与界面节点空间两个方面阐释河北传统村落的公共空间特色，从合院空间和民居建筑两个方面总结传统村落民居院落的突出特点。最后，横向比较河北传统村落各片区空间特征的共性与个性，分别提炼各类要素和4个片区的村落空间特质，形成"整体-局部-整体"的研究闭环。

在从调研、撰写到绘图的过程中，笔者一直在思考本研究的价值到底是什么？其一，河北省极为多样的自然与人文环境构成，对于研究工作提出了极大的挑战。在传统建筑学科研究方法的基础上，借鉴人文地理学、历史学等交叉学科的研究方法，对206个样本村落中的149个开展了全面细致的田野调查，收集了大量翔实的基础资料；这看似平凡的工作却对研究的真实性、客观性发挥了不可替代的作用。其二，实地踏勘、收集整理的村落GIS信息、航拍、录像、材料取样等各类宝贵的历史信息，对于当前碎片化的河北传统村落研究与保护工作具有至关重要的现实意义。其三，利用语言、地理、文化等综合要素，对河北传统村落进行研究分区，并在此基础上进一步展开分析，有助于打破或者模糊传统行政区划对省域范围研究的局限，通过更深层次的关联构建出河北传统村落不同的组群谱系。其四，以建筑学、城乡规划学的研究方法，对各片区样本村落不同维度、不同类型的空间特征进行解析，进一步提炼出可供直观比较研究的数据表格、村落肌理图和街巷断面图，这些基础资料将会成为今后河北传统村落各类研究的有力支撑。

国家级传统村落采用自下而上申报、自上而下评审的遴选模式，其最终认定的村落名录难免存在一定的偶然性和片面性。本书研究的206个国家级传统村落是在历史变迁中幸存下来的珍贵样本，即使通过系统性的研究，也仅能窥见河北传统村落的部分特征。在本书建立的7个研究片区中，有3个片区样本量严重匮乏，以致无法开展类型化研究。此外，可供研究的村落也多数因其所处地域较为偏远，才被不同程度地保存下来。而平原地区，由于经济、交通发达，建设迭代较快，鲜有传统村落样本保存至今，未来平原地区传统村落的研究还有待利用历史学、考古学资料加以逐步完善。

由于研究对象数量庞大，所蕴含的信息极其纷繁复杂，特别是村一级的史料获取难度较高，在逐级逐类的分析过程中，难免会有主观臆断之处。此外，为了加强河北传统村落空间特征分析的全面性，本书或多或少借鉴了历史、地理、规划、建筑等诸多学科的方法、视角，但在交叉学科研究方法的运用上仍存在着诸多不成熟之处。

本书的定位为"宏观–中观–中微观"层面，侧重于分析不同区域的村落在选址、布局、营建方面的特征和影响因素，因而在微观尺度的特色节点与典型院落方面，只是基本覆盖了各区域内最具代表性的类型。作为基础研究，笔者对于采集到的空间信息仅完成了宏观维度的初步GIS研究，对于航拍正射影像、街巷空间等中微观维度的空间信息，还有待进一步校核并将其数据化。以本书为基础的一系列量化研究，将在今后数年内陆续展开。

多样文化对于河北传统村落的隐性影响更多地是通过微观空间来呈现的，针对公共建筑、民居等不同类型微观空间的专题研究，是未来值得探讨的重要议题。此外，地域分区也一直是学界公认的难题。本书所采用的综合分区方法虽存在考虑不周之处，但在现阶段，对于大空间范围内复杂样本的类型化研究，仍能起到一定的积极作用。笔者亦会随着研究的深入开展，同步调整完善。

目 录

01

绪论

1.1 研究背景及意义

1.1.1 国家推进传统村落保护

国内对传统村落第一次全国性的摸底调查始于2012年。由地方将初评结果上报，通过专家委员会的遴选后，公示了第一批共计646个具有较高价值的传统村落，并将其纳入中国传统村落名录。[1]

2014年，住房和城乡建设部、文化部、国家文物局、财政部四部局联合发布了《关于切实加强中国传统村落保护的指导意见》，重点提出了传统村落保护的主要内容、基本要求和保护措施。该意见以2012年颁布的《传统村落评价认定指标体系（试行）》为依据，要求建立保护管理信息系统与村落档案，并为传统村落编制保护发展规划，使传统村落的保护工作步入正轨。

自2012年起，住房和城乡建设部联合多部委牵头组织开展了第一至第四批国家级传统村落的评选工作。在入选前四批中国传统村落名录的4153个村落中，位于河北省的共有145个，数量为京津冀地区之首。这些传统村落大多坐落于太行山东麓、燕山一带，南北分布跨度大，相对集中于邯郸市、邢台市、石家庄市、张家口市所属的部分区县内。[2]

2017年，"实施中国传统村落保护工程"在《关于实施中华优秀传统文化传承发展工程的意见》中被明确提出，这标志着传统村落的保护工作上升到了国家文化传承的战略高度。2018年，通过数轮专家评审，住房和城乡建设部等部门于2019年公布了第五批列入中国传统村落名录的村落名单（2666个）。2023年，北京市房山区史家营乡柳林水村等1336个村落被列入第六批中国传统村落名录。至此，全国已有8155个传统村落被列入国家级保护名录；其中，河北省国家级传统村落的数量达到了276个。因本研究开展时段为2017~2020年，故研究对象为河北省第一至第五批共计206个国家级传统村落。

1.1.2 京津冀协同发展战略

在京津冀三地协同发展的战略目标中，整体发展是重中之重，疏解非首都核心功能是京津冀协同发展的出发点和落脚点。[3]通过对京津冀三地城市布局和空间结构的优化调整，建立"三位一体化"的现代交通网络系统，拓宽北京、天津、河北各地的城市环境容量和城市生态的发展空间，全面提升区域内协调发展及综合承载能力的总体发展水平。[4]

京津冀三地的传统村落是在历史发展长河中形成的极具特色的宝贵历史文化遗产，数量多、分布广、特色丰富。三地在地域上连接为一体，地缘文化同根同源，是中华文明和地域民俗文化的重要组成部分。

河北作为京津冀区域内面积最大的省份，和北京、天津相比，整体发展相对落后。传统村落中的大量青年劳动力外出务工，造成了严重的空心化、老龄化问题。房屋年久失修，加剧了历史风貌的凋敝。深入开展河北传统村落的调研分析，提炼物质与非物质文化遗产的特征，具有非常重要的现实指导意义和文化传承意义，是精确对治村落保护困境的必要条件，更是协同周边超大城市发展的基本前提。[5]

1.1.3 河北传统村落面临的困境

1. 快速城镇化破坏传统风貌

京津冀地区超大城市迅猛且不均衡的扩张，对周边的传统村落构成了极大的冲击，造成了无法挽回的修建性破坏和开发性破坏。

修建性破坏多体现在村民为了经济便捷，在修缮房屋时，使用造价低廉且易得、易用的塑钢门窗、彩钢屋顶。并且，由于传统技艺的传承岌岌可危，不少民居年久失修，濒临坍塌，新建的农村住宅也缺少与传统风貌的呼应。尤其是在怀安、怀来、蔚县等经济欠发达地区或保定等城镇化程度较高的地区，此类现象尤为严重，历史风貌被严重破坏。此外，保护资金和相关务实政策的缺失，加剧了传统村落的衰败。

开发性破坏则源于政府、开发商对传统村落历史资源的过度开发。单方面强调对传统村落的利用，但却缺少有效的管理运营机制，导致旅游开发粗放化、不可持续化。开发企业片面包装、开发、利用乡土文化资源，不仅没有对传统村落所蕴含的多元文化进行科学利用，而且为追逐利益最大化，忽略了村落物质遗存与自然环境的承载极限，最终导致部分传统村落中大量遗产遭受到不可逆转的破坏。

2. 村民价值观受到冲击

现代物质文化的冲击，对中青年村民的知识构成和价值认知产生了巨大影响。尤其是随着村落中宏基站的修建、移动互联网的普及，各类信息不断改变着村中每个人的思想。越来越多的村民盼望过上与城市相仿的现代化生活，逐渐失去了对历史文化的认同感和保护意识，传统习俗越发难以找到合适的传承途径。此外，村民的可塑性尚未得到充分激发和利用，村民与村落间的纽带有待通过生活的改善来加强。

3．村落空心化、老龄化程度增高

京津冀区域内的特大城市如同磁铁般不断吸收着周边资源，大部分年轻人为了谋求更好的发展，外出务工，致使乡村的空心化问题日趋严重。与此同时，我国正面临着人口老龄化的严峻挑战，这一现象在传统村落中尤为显著。因为交通不便与年龄过大，不少老年人只得留守家乡，他们无力对村落中的建筑与环境进行很好的维护。许多常年闲置的房屋逐渐破败坍塌，村落渐渐失去了往日的活力。

4．政策法规与资金的支持力度不足

多年来，河北省在遗产保护方面出台了一系列政策法规，但聚焦于传统村落方面的并不多，存在起步时间较晚、指导力弱、操作性不强等问题。自2012年河北省制定实施传统村落保护发展工作以来，先后出台了一系列相关政策法规文件[6]，主要涵盖古镇名村和古树保护、传统村落保护发展和利用，以及新农村和美丽乡村建设三个类型。其中，《关于做好2013年中国传统村落保护发展工作的通知》和《关于加强传统村落保护发展工作的指导意见》是传统村落保护领域的专门性文件，其他多数文件在内容中有所涉及。

传统村落保护需要花费人力、物力去落实，大量历史建筑需要修缮，人居环境亟待提升，这一切都离不开充足的资金做后盾，除了中央财政专项补贴外，还需各级地方政府提供资金保障。据有关资料显示，河北传统村落保护所需资金的来源渠道比较单一，主要依靠中央财政支持和地方政府的财政拨款；加之传统村落数量较多，分配到各村落的资金数额有限，难以有效支撑传统村落保护工作的开展，致使相当一部分传统村落处于保护失效和衰败的边缘。传统村落保护需要以遗产保护为前提，以尊重市场规律为原则，以改善民生促发展为目标，应鼓励社会资本与政府的共同投入，从而实现可持续发展反哺传统村落保护。

5．专业人才与科学规划的缺失

一方面，河北省南北空间跨度大，地势东西高差显著，传统村落所处不同地域特征差异鲜明，相关工作十分复杂，对致力于文化遗产保护领域，尤其是传统村落领域相关研究与实践工作的专门人才需求迫切。目前，仅依靠省内高校的人才投入，所产生成果的数量和深入程度有限，亟待更多来自全国各地高校、研究机构及企业的专业人员加入。

另一方面，虽然应住房和城乡建设部要求，多数入选中国传统村落名录的村落都编制了保护规划；但客观来说，这些规划编制的深入程度

参差不齐，措施的针对性与可行性都有待提升。在规划编制后，相关政策的落地、执行和反馈工作更需要明晰的路径和行动方案。总而言之，河北省传统村落缺少整体性、系统性的科学规划，在具体村落保护规划的编制上还有一定的进步空间，"多规合一""集中连片"将是下一阶段的核心技术议题。

1.2　概念界定

1.2.1　传统村落

1.广义界定

传统村落，又称古村落。2012年，国家召开传统村落保护和发展专家委员会第一次会议，会上明确提出了"古村落"的文化价值和传承的意义[7]，并将"古村落"正式更名为"传统村落"。其定义可被概括为：村落营建时间较早，有着丰富的历史沿革，较好地保存了传统的环境、选址、建筑、生活设施等物质文化遗产，同时具有独特的民风民俗等非物质文化遗产，至今仍然供人们居住、生活的村落。

2.狭义界定

历经十二载，通过第一至第六批专家评审，被列入中国传统村落名录、具有较高价值的国家级传统村落。

1.2.2　村落空间特征

亚里士多德将空间定义为事物的"场所"，即物质存在所占有的场所。村落虽不及城市复杂，但同样具有完备的复杂系统，是在自然基础上建立起来，以建成环境为依托，包含社会、经济、文化活动的综合产物，其空间特征融合了时间维度。相较于哲学家、数学家、物理学家较为抽象化的研究方式，本研究所涉及的"空间"更侧重于建筑学科对于空间的认知视角，致力于探索村落在宏观层面的时空分布规律、中观层面的空间形态和结构，以及微观层面的公共空间与民居空间特征分析。

1.村落空间分布
中国传统社会结构以血缘、地缘型聚居村落居多，村落发展通常具有时间上的延续性和空间上的稳定性。村落空间分布则不仅记录着单个村落形成与发展的历史，更承载了区域村落在不同时期的历史信息，反映了村落间的动态变迁关系，体现了区域的自然环境、经济及文化特征。[8]因此，可以说村落空间分布是自然环境与社会生产力综合作用的结果[9]，是某个区域自然环境与人文环境的综合映射。[10]

2. 村落空间形态

根据《辞海》中对"形态"的解释，"形"指形状，"态"指神态。也就是说，它不单指代事物存在的样貌，也包括事物内在蕴含的一系列内容与意义。"形态"既是客观反映，也是主观思维。因此，"村落空间形态"不仅包括村落空间中的实体形态，如村落的整体布局、边界形式、街巷构成等；也涵盖村落的精神内涵，如历史背景、民族文化、社会环境等；这些要素同样影响着村落的空间变化，并最终反映在村落的实体表现中。换言之，"村落空间形态"是由村落有形物质实体与无形文化环境共同构成的有机整体。

3. 村落空间结构

村落空间结构与空间形态伴随着村落的生长和发展过程逐步展现。在宏观层面，是指一定区域内，因各个村落的社会经济特点及由此决定的区位特征存在差异，使得它们有着不同的地位和职能，其所在地理空间也呈现出不一样的形态；在中微观层面，从规划和建筑学科的角度来观察，则是指构成村落整体的各个部分的配置和安排，尤其强调以村落街巷为骨架的空间组织方式、村落中心与边界的类型，以及村落演化和改变的趋势。

1.3 研究架构

1.3.1 研究问题

传统村落中具有文化重要性的"场所"，既是历史记录，也是农耕文明的有形表现。我们需要打破以往仅依据行政区划而开展相关研究的做法，以建筑学、城乡规划学分析方法为基础，借鉴区域历史地理的视角，开展多维度的研究。为了更好地将"河北传统村落空间特征"这一研究课题加以拆解、聚焦，本书提出下列4个议题，作为方法架构、分析论证、结论归纳的线索，逐级展开研究。

第一，河北省众多现存传统村落的宏观时空分布有何特征？

第二，河北传统村落中微观维度的空间由哪些要素构成，各有什么特征，特征的形成受到哪些因素影响？

第三，不同区域间的河北传统村落空间特征有何区别与联系？

第四，河北传统村落具有什么样的总体特征？

1.3.2　研究思路

本书构建了"宏观-中观-中微观""分区域-分要素""整体-局部-整体"的研究思路：

首先，开展了内外业结合的系统调研，通过田野调查大量样本村落，采集并校核河北传统村落的空间与历史信息，整合制作出GIS图、空间分析图、比对分析表等，使处理繁杂数据、挖掘客观规律的工作更加科学、有效。

其次，采用多学科融合的研究方法，尤其是通过借鉴区域历史地理视角的综合要素分区法开展研究，改变以往单纯依据行政分区来总结传统村落特征的做法，探究传统村落的形成历史、分布规律，结合地形地貌、语言等多种自然与人文因素，探寻不同区域内传统村落在"宏观-中观"维度的生成环境与形成机制。

再次，采用建筑学、城乡规划学分析空间形态、结构的相关方法，深入解析河北不同区域内传统村落的整体布局形态和空间结构，中心与边界的类型，以及街巷、节点、院落空间的形式与内涵；归纳并比较区域间村落空间的共性与个性特征，建构直观、全面的河北传统村落"宏观-中观-中微观"的空间特征分析。

最后，鉴于河北传统村落的研究现状，形成"整体-局部-整体"的研究闭环，为河北传统村落的系统性研究提供重要补充。

1.3.3　研究对象

本书的研究对象为河北省境内第一至第五批共计206个被列入中国传统村落名录的村落，这些样本村落同时涵盖了国家级和省级历史文化名村、省级传统村落。

具体研究范围涵盖了多个维度，可细分为以下4个方面（图1-1）：

宏观研究。本部分致力于探寻河北传统村落空间分布规律及时间演

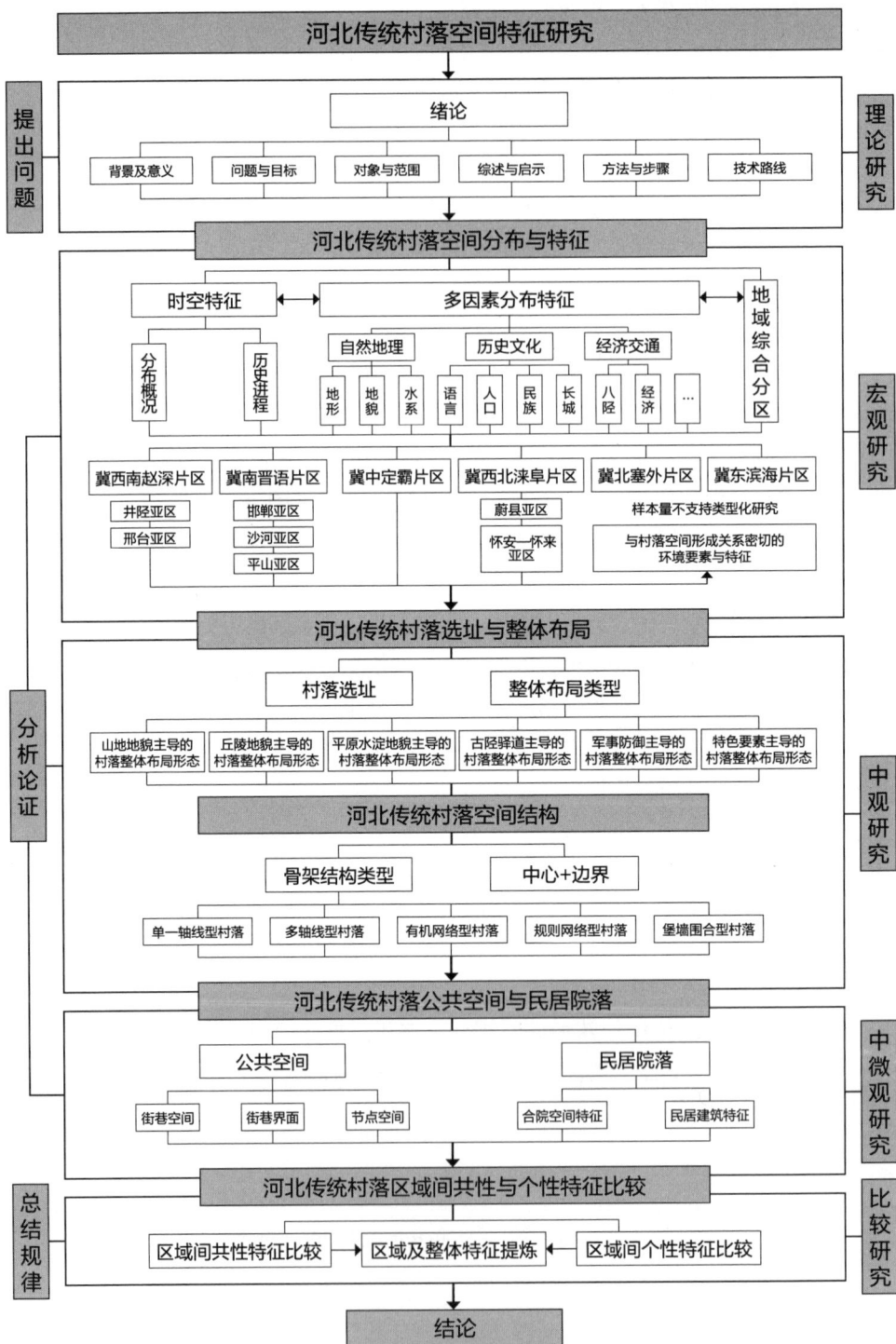

图1-1 技术路线图

河北传统村落空间特征研究

河北传统村落空间特征研究

绪论

背景及意义 问题与目标 对象与范围 综述与启示 方法与步骤 技术路线

河北传统村落空间分布与特征

时空特征 ⟷ 多因素分布特征 ⟷ 地域综合分区

自然地理 历史文化 经济交通

分布概况 历史进程 地形 地貌 水系 语言 人口 民族 长城 八陉 经济 …

冀西南赵深片区 冀南晋语片区 冀中定霸片区 冀西北涞阜片区 冀北塞外片区 冀东滨海片区

井陉亚区 邯郸亚区 蔚县亚区 样本量不支持类型化研究

邢台亚区 沙河亚区 怀安—怀来亚区 与村落空间形成关系密切的环境要素与特征

平山亚区

河北传统村落选址与整体布局

村落选址 整体布局类型

山地地貌主导的村落整体布局形态 丘陵地貌主导的村落整体布局形态 平原水淀地貌主导的村落整体布局形态 古陉驿道主导的村落整体布局形态 军事防御主导的村落布局形态 特色要素主导的村落整体布局形态

河北传统村落空间结构

骨架结构类型 中心+边界

单一轴线型村落 多轴线型村落 有机网络型村落 规则网络型村落 堡墙围合型村落

河北传统村落公共空间与民居院落

公共空间 民居院落

街巷空间 街巷界面 节点空间 合院空间特征 民居建筑特征

河北传统村落区域间共性与个性特征比较

区域间共性特征比较 → 区域及整体特征提炼 ← 区域间个性特征比较

结论

提出问题 理论研究

宏观研究

分析论证

中观研究

中微观研究

总结规律 比较研究

变特征，分析影响村落分布的各类因素，划定河北传统村落地域综合分区，提炼不同片区的环境要素与特征。

中观研究。此维度聚焦于总结河北传统村落的选址规律，归纳村落整体布局类型，并依据布局类型进一步解析不同主导因素下的村落整体布局形态。提炼不同区域内的村落空间结构，举例说明不同空间结构的村落特征，概述河北传统村落中心与边界的构成要素。

中微观研究。本部分将从街巷空间和节点空间两方面挖掘河北传统村落的公共空间特征，并从合院空间和民居建筑两方面分析河北传统村落的民居院落。

比较研究。最后通过横向比较不同分区中的河北传统村落空间特征，归纳其共性与个性，剖析其内在影响因素及作用机制。

参考文献

[1] 杨彩虹，王开开. 美丽乡村建设过程中传统村落的保护与利用［J］. 中州学刊，2016（06）：86-89.

[2] 张大玉. 京津冀地区传统村落协同保护与发展研究［J］. 北京建筑大学学报，2017，33（01）：1-5.

[3] 赵英强. 关于京津冀协同发展若干重要问题的思考［J］. 消费导刊，2017（11）：125.

[4] 贺军. 京津冀协作释放的信号［J］. 上海国资，2014（03）：17.

[5] 李钊旭. "京津冀一体化"战略条件下金融创新支持研究——基于某商业银行视角的分析［D］. 北京：对外经济贸易大学，2016.

[6] 李建婷. 河北省传统村落保护研究［D］. 石家庄：河北经贸大学，2017.

[7] 刘海静，刘弘涛，李馨，等. 生态博物馆在我国传统村落保护中的应用——以雅安市望鱼乡望鱼古镇为例［J］. 四川建筑，2015，35（02）：11-14.

[8] 吕晶，蓝桃彪，黄佳. 国内传统村落空间形态研究综述［J］. 广西城镇建设，2012（04）：71-73.

[9] 席丽莎. 基于人类聚居学理论的京西传统村落研究［D］. 天津：天津大学，2014.

[10] 侯晓飞，邵秀英. 山西省古村落空间分布对旅游开发与保护的启示［J］. 山西师范大学学报（自然科学版），2014，28（04）：112-115.

河北传统村落空间
分布与特征

河北的名称源于其位于黄河下游北侧的地理位置。这片久经耕耘的土地，是中华文明诞生和繁衍的绿洲，孕育了无比璀璨的历史文化。[1]河北自春秋战国时期便成为京畿要地，燕赵文化在此产生，汉、晋两代政权继而设置冀、幽二州。随后的唐、元、明三个时期，河北分别隶属于河北道、中书省和京师。[2]清朝时称直隶省，1928年更名为河北省。

河北省南北跨度达700余公里，是中国唯一兼有平原、丘陵、山地、草原、高原、湖泊、海滨等多种地貌的省份，传统村落所处环境复杂多样。不同的自然环境孕育了不同的文化，加之天然沟壑对地貌的分割作用，每种文化又相对独立。既有平原地区的农耕文化，也有北方高原盆地的边塞文化，还有高原草原的游牧文化，以及太行山区的山岳文化。如果说上述构成了内陆文化的主体，白洋淀地区则承载了湖泊文化，秦皇岛地区体现了海洋文化。基于自然条件产生的多元文化，成为河北区别于其他省份的显著特征。[3]

自然主导的广义文化随着时间的演进，进一步催生出诸如磁山文化、燕赵文化、驿道文化、长城文化、八陉文化等与特定历史时期、历史事件关系密切的人文内涵。河北传统村落受到它们的持续影响，逐渐成为自然与人文交融的"场所"。

2.1 河北传统村落生成的时空演进

2.1.1 村落分布的总体概况

在第一至第五批中国传统村落名录共6819个村落中，河北省有206个村落入选，占总数量的3%。河北国家级传统村落主要分布在太行山东麓沿线以及燕山南侧，整体呈现南多北少、西多东少的分布特征。传统村落分布数量较多的城市依次为石家庄（53个）、张家口（52个）、邯郸（44个）、邢台（40个）、保定（12个）；唐山（2个）、衡水（1个）、承德（1个）、秦皇岛（1个）传统村落数量较少；而沧州、廊坊则无国家级传统村落分布（图2-1）。这些国家级传统村落虽是十分宝贵的研究样本，但仅能代表其当今的物质历史遗存较为丰富，无法全面反映各个历史时期河北传统村落的全貌，因而存在一定的片面性。

与此同时，在上述几个城市中，样本传统村落分布还呈现出主要在几个县、县级市集中分布的特点：西北部主要集中在蔚县（40个），中部集中在井陉县（44个），南部主要集中在沙河市（22个），这三个地区传统村

图2-1 河北传统村落市级行政单位分布数量^①

落的样本数量就占到河北全省的一半多。此外，邢台县（15个）、磁县（13个）、涉县（13个）、武安市（12个）四个地区也有较多的传统村落分布。

2.1.2 村落生成的历史进程

本书研究样本村落主要产生于三个重要的历史阶段（图2-2），分别是元代及元以前，明代，清代及民国；其中，元代及元以前和明代是村落产生的主要时期，有超过86%的样本在这两个阶段产生。

在全体样本当中，在元代及元以前生成的传统村落共有72个，从GIS图中可以发现，河北传统村落分布的基本格局在这一阶段定型，大量村落集中出现在蔚县地区、保定中部地区、井陉地区、邢台西部地区以及邯郸西部地区，这五片区域构成了河北传统村落最为集中的五大片区。明代共有106个样本传统村落生成，达到了发展的高峰期。邢台西南部地区以及邯郸西南部地区分别增加了30个传统村落，蔚县和井陉两

---

① 本书中所有地图、总平面图、平面图，除特别标注外，均为上北下南布置。

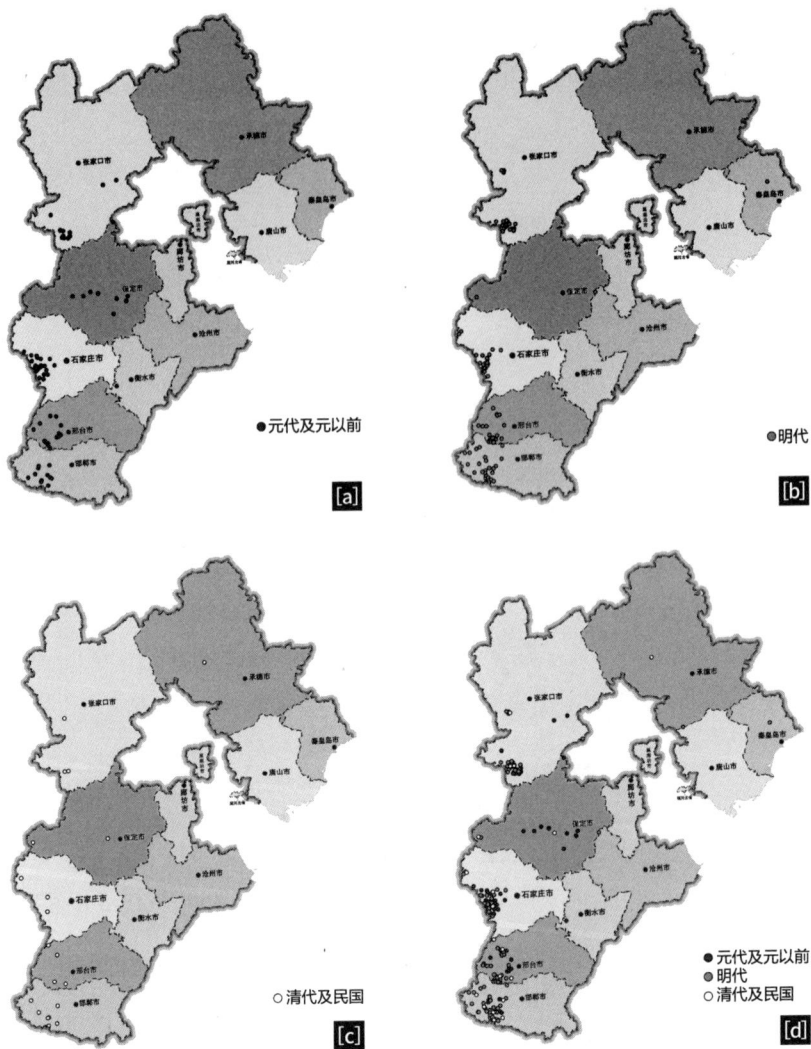

图2-2　河北传统村落生成的年代——元代及元以前 [a]、明代 [b]、清代及民国 [c] 各时期叠加 [d]

个地区的传统村落分别生成了28个和20个。其中，有31个村落是由山西迁建而来，占到明代形成的样本传统村落总数的29%。到了清代及民国时期，传统村落的发展进入稳定期，各个区县只有个位数的样本村落在这一阶段产生。

　　通过对近代社会学相关研究的综述可知，北方大多数村落的生成历史仅可追溯至明代，这些村落很多都是由山西等地的移民而形成，因此村落的规模普遍较小，其形态也多为散村。而这一地区规模较大的村落，往往生成时间更为久远。但元、明之际连年的战乱使得河北传统村落均受到了严重破坏，因此现存的那些成村久、规模大的传统村落，其早期的历史信息都很难从其物质遗存中获取。[4]

2.2 河北传统村落分布的多因素影响特征

河北传统村落的空间分布主要与自然地理、经济交通、历史文化三大因素密切相关。传统村落作为人类初级的聚落形式，受自然地理因素的影响最深，这也成为村落分布的一次决定因素。经济交通因素本身受制于自然条件，但它作为村落发展的关键条件，也成为村落分布的二次决定因素。重要的历史事件会催生村落，村落聚集、繁衍的人口则会逐步孕育文化，文化的传播和延续会从显性和隐性两个方面影响村落，而这一过程往往是双向的；因此，历史文化要素是传统村落分布的三次决定因素。通过不同时间、不同形式、不同顺序三种因素的交织影响，逐渐构成了河北传统村落的分布现状。[5]

2.2.1 自然地理特征

河北省主要由平原、山地和高原三种主要地貌单元构成，地势呈西北向东南倾斜的趋势（图2-3、表2-1）。[6]其中，张北-围场高原的海拔最高，平均达到了1200米以上，传统村落样本稀缺。[7]被包围在其中的桑干-洋河山地盆地地形相对平缓，出现了不少传统村落样本且相对集中分布，如蔚县、怀来、怀安地区。而太行山、燕山山脉一线，是中国地势二、三级阶梯的分界线，地貌主要由山地和丘陵构成，占河北传统村落样本主要类型的山地丘陵村落大量坐落于此，如井陉、邢台、邯郸等地。这一地带的高程差异较大，包括中山山地、低山山地、丘陵和山间盆地等具体地貌，村落分布的海拔在几十米到数百米之间（图2-4）。[8]太行山山麓平原是保定传统村落主要分布的区域，也是河北典型平原村落的所在地。

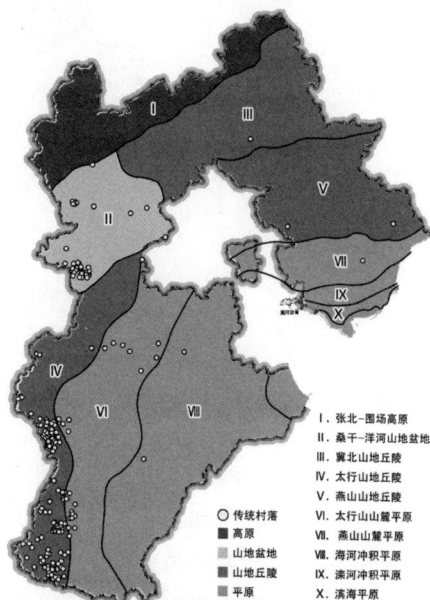

I．张北-围场高原
II．桑干-洋河山地盆地
III．冀北山地丘陵
IV．太行山地丘陵
V．燕山山地丘陵
VI．太行山山麓平原
VII．燕山山麓平原
VIII．海河冲积平原
IX．滦河冲积平原
X．滨海平原

○ 传统村落
■ 高原
■ 山地盆地
■ 山地丘陵
■ 平原

图2-3 河北传统村落分布与地形地貌

河北省各地貌类型区的面积与比例　　　　表2-1

地貌单元	地貌类型区	面积（km²）	占全省总面积的百分比（%）	
高原区	张北-围场高原	18391	9.80	
山地区	冀北-燕山山地丘陵	45595	24.30	
	桑干-洋河山地盆地	23753	12.66	
	太行山山地丘陵	26293	14.01	
平原区	太行山山麓平原	20823	39.26	11.10
	燕山山麓平原	8295		4.42
	海河-滦河冲积平原	35966		19.17
	滨海平原	8577		4.57

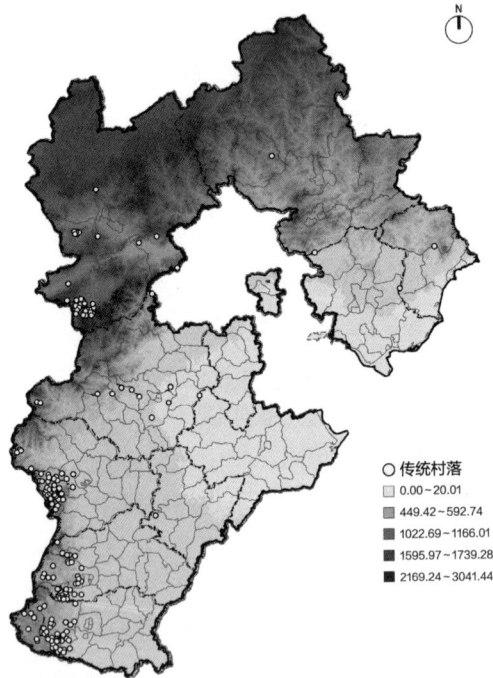

图2-4　河北传统村落分布与海拔高程（单位：m）

　　河北省因地处半湿润半干旱的大陆性季风气候区，属于湿润地区森林带和半干旱地区草原带的过渡带。各个区域地形地貌的差别进一步造就了彼此间的小气候差异。虽常年日照充足，但在全国范围内属于降水量较少的省份，因此无论是山区还是平原，均以旱田为主。从中国年均降水量统计信息可以发现，河北省位于降水量400～600毫米的地带，太行山山区、东北部沿海一带降水量略高于全省平均值。因此，降雨量整体呈现出南多北少、东多西少的态势。对比河北省的水系布局可以看出，石家庄、邢台、邯郸、张家口一带是众多河流的发源地，大量的传统村落位于洋河、桑干河、唐河、滹沱河、绵河、冶河、甘陶河、滏阳河、沙河、洺河、漳河等流域（图2-5）。[9]此外，山区的降水有着明显的季节性，为了应对夏季突发山洪，多数传统村落利用山势修建泄洪渠，与邻近的河流蜿蜒相接。近年来，降水日趋减少，很多河流已经干涸，村落与周围的大山、河流、森林融为一体的景象不断减少。[10]

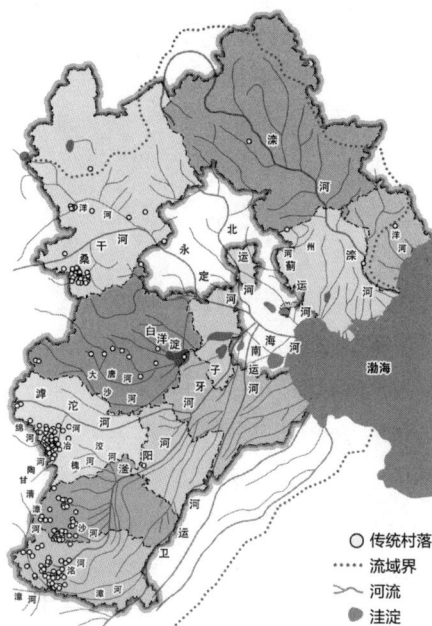

图2-5 河北传统村落分布与水环境

2.2.2 经济交通特征

对以农业为功能主导的大部分村落来说，经济交通因素对传统村落的影响并不像地理环境、文化圈层等那么强烈。但通过历史信息的叠加可以发现，绝大多数河北传统村落的分布与太行八陉有着密切的联系（图2-6）。正如A.拉普卜特所说："经济状况相似的群体可能有着不同的道德系统和世界观，宅屋是世界观的体现，因此经济生活对宅屋形式就没有决定性的影响了。"[11]可见，经济交通因素的主要影响不在于中微观层面对空间形态的影响，而在于宏观层面对村落生成动因的影响。

东晋郭缘生在《述征记》中记载："太行山首始于河内，北至幽州，凡有八陉，是山凡中断皆曰陉。"[12]指在太行山一带，山脉因拒马河、滹沱河等诸多河流的切割，出现了八处笔直断开的山口，这些空间成为沿着东西方向穿越太行山脉的八条重要通道，被称为"陉"。这些深山中相对宽阔的横谷，连接着山西黄土高原和华北冲积平原，逐渐成为交通要道、军事关隘。

在太行八陉中，涉县、峰峰矿区位于第四陉滏口陉，井陉县、井陉矿区、鹿泉区位于第五陉井陉，顺平县位于第六陉蒲阴陉，蔚县位于第七陉飞狐陉，怀来县位于第八陉军都陉。这些区县地形起伏、地貌多变，大量的传统村落散布其间。[10]传统村落的产生与驿道经济息息相

图2-6 河北传统村落分布与太行八陉

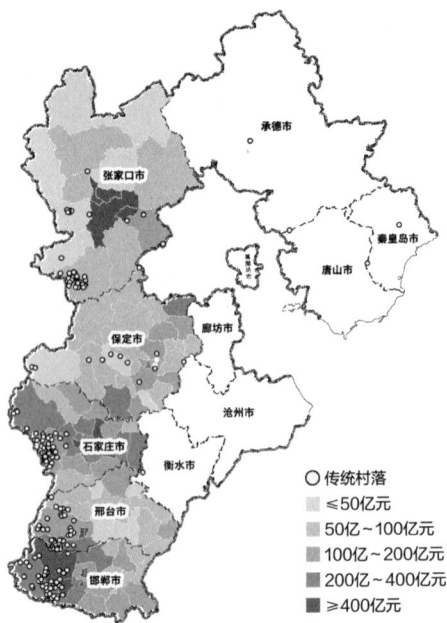

图2-7 河北传统村落分布与经济水平

关，其既是八陉的关键节点，也是河北传统村落的重要类型。关键的地理位置，一方面使得井陉县、蔚县、涉县等地的居民连年遭受战争侵扰，迫使村镇和建筑形成不同的防御设计特色；另一方面，人口和物资或主动或被动地流转，推动了北方游牧文化和中原农耕文化的融合，以及河北燕赵文化和山西晋文化的交流等。商贸通道的古今延续，使得这些山区传统村落历经百年，依然能够生机勃勃。

交通与经济线路在古代成为促进村落生成、生长的积极动因，而在城镇时期，更为便捷的交通体系与颠覆性的生产、生活模式，反而加速了村落传统要素的不断消解。[13]据2017年河北省各区县的生产总值统计可以发现（图2-7），河北省的经济水平整体呈现北低南高的趋势，北京、天津周边村落的经济水平反而不如邯郸、石家庄，反映出特大城市对于周边传统村落历史文化遗存保护、生活延续所产生的消极影响。

2.2.3 历史文化特征

文化本身虽然是无形的，但总会以不同方式、不同程度映射到物理空间中。在物质较为匮乏的古代，村民因面临相同的生存挑战而产生近似的生活方式，近似的生活方式又会促使人们产生共同的生活态度乃至精神信仰。个体的诉求最终会无意识地趋同于集体的价值取向和物质追求，文化上的理念和情感通过实物来应对生存环境的不断变化，传统村落的社会和空间因此具备了较强的整体性与系统性。[14]

方言是地域文化的外在体现，按照方言或语言的客观事实来审视区域的文化分区，能较大程度地排除主观经验的干扰，得出较为符合地理区划和历史传统的分区参考。中国的汉语方言主要由官话以及晋语、徽语、湘语等其他地方语种组成；其中，官话又分为东北官话、北方官话、胶辽官话等子类。河北地区的汉语方言主要为北方官话和晋语，由此不难看出晋文化与燕赵文化在太行山一带相互渗透、互相影响。

《河北方言概况》一书根据河北全省各地区间语音的差异性，同时也照顾到与普通话的对应关系，综合各个地区共有的多数特点，将河北方言划为7个分区（图2-8）。[15]

Ⅰ区：该区域属于北方官话语言片区，包括承德市全域及秦皇岛市的青龙满族自治县。本区语音最接近普通话。声母方面，零声母字加V、ng是本区最为普遍的现象。区域内仅有凤山镇石桥村一处传统村落。

Ⅱ区：该区域属于北方官话语言片区，包括唐山市全域，廊坊市北三县（三河市、大厂回族自治县、香河县），以及秦皇岛市城区、卢龙县、昌黎县、阜宁县。本区方言与普通话有些差别。声母方面，大部分地区的部分n声母字，相当于普通话开口呼零声母字；韵母方面，e韵母字，相当于普通话o韵母字。区域内有遵化市1个、滦县1个、阜宁县1个传统村落，共计3个。

Ⅲ区：该区域属于北方官话语言片区，包括保定市除曲阳县、定州市、安国市以外区域，张家口市蔚县，以及廊坊市所辖安次区、广阳区、永清县、固安县、霸州市。本区方言与普通话有些差别。声母方面，大部分地区有n声母字，相当于普通话中齐齿呼、撮口呼n声母字。区域内有清苑县（今清苑区）3个、顺平县3个、涞水县1个、安新县1个、阜平县2个、唐县2个、蔚县40个，共计52个传统村落。

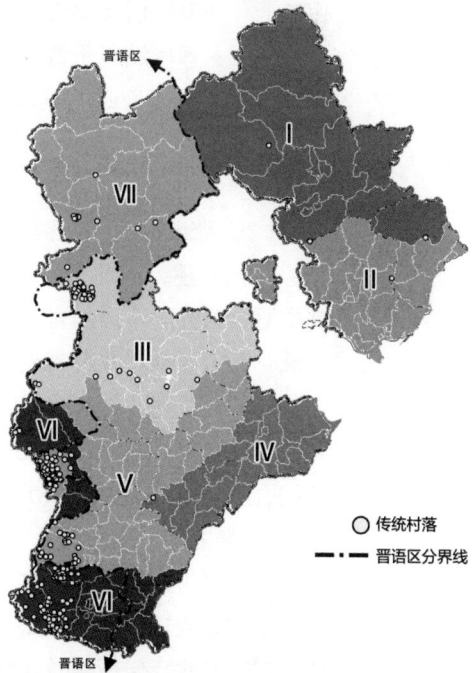

图2-8　河北传统村落分布与方言分区

Ⅳ区：该区域属于北方官话语言片区，包括衡水市区、冀州市（今冀州区）、武邑县，沧州市区、泊头市、青县及其以东区域。本区方言与普通话有些差别。声母方面，大多数地区的部分n声母字，相当于普通话开口呼零声母字，大部分地区零声母字加V声母。全区z组和zh组声母字相混，或有z组无zh组字。区域内仅有门家庄乡堤北桥村一处传统村落。

Ⅴ区：该区域属于北方官话语言片区，包括石家庄市区、井陉县、井陉矿区、行唐县、正定县、栾城县（今栾城区）、赵县、高邑县、灵寿县及其以东区域，邢台市除沙河市、临西县以外全域，保定市曲阳县、定州市、安国市，衡水市安平县、深州市、武强县、饶阳县，廊坊市文安县、大城县。本区方言与普通话有些差别。声母方面，部分地区有V声母字，相当于普通话合口呼零声母字，大部分地区有ng声母字，相当于普通话开口呼零声母字。区域内有井陉县44个、井陉矿区2个、内丘县3个、邢台县15个，共计64个传统村落。

Ⅵ区：该区域属于晋语语言片区，包括邯郸市全域，邢台市临西县、沙河市，石家庄市平山县、灵寿县、鹿泉区、元氏县和赞皇。本区方言与普通话有些差别。声母方面，大部分地区有V声母字，相当于普通话合口呼零声字母，绝大部分地区分尖团音；韵母方面，鼻韵母有弱化或丢失现象。区域内有磁县13个、涉县13个、武安市12个、峰峰矿区6个、沙河市22个、平山县4个、鹿泉区2个、赞皇县1个，共计73个传统村落。

Ⅶ区：该区域属于晋语语言片区，包括张家口市除蔚县外的全部区域。本区方言与普通话差别较大。声母方面，零声母字V、ng是本区共同的现象，n声母字相当于普通话齐齿呼、撮口迁n声母字；韵母方面，鼻韵尾多无舌尖鼻音，而一律读为舌根鼻音。区域内有怀来县3个、阳原县1个、张北县1个、怀安县7个传统村落，共计12个。

综上所述，河北传统村落主要集中在Ⅲ、Ⅴ、Ⅵ、Ⅶ这4个区域；其中Ⅵ、Ⅶ处于晋语语言片区，因山西移民而形成的村落也都分布在该区域，且主要分布在冀南地区。

在古代，河北地区是北方游牧民族与汉族交融的区域。冀北因直面少数民族入侵，其社会、文化、经济等方面的组织均与生产、军事组织相结合。[16]北宋建立之初，宋、辽战衅屡开，给河北造成了巨大的破坏，"澶渊之盟"后才进入一个相对和平的时期。金迁都燕京（今北京）后，河北成为京畿重地。在由边陲到政治中心的转换中，河北成为中原宋文化和北方辽、金文化交流最显著的区域。因自元代起开始有大批回族人定居河北，伊斯兰教在此迅速传播。

目前，河北境内人口以汉族为主。少数民族主要为满族、回族和蒙古族，主要分布在冀中、冀北地区的沧州市、保定市、张家口市、承德市、唐山市和秦皇岛市。6个少数民族自治县中的5个分布在冀北地区（图2-9）。在206个样本传统村落中，仅有唐山市遵化市马兰峪镇的马兰关一村、承德市丰宁满族自治县凤山镇的石桥村是满族、回族聚居村，张家口市怀来县王家楼回族乡麻峪口村为回族聚居村。[17]

影响河北传统村落分布的内在规律来自自然地理、社会文化和经济交通三个方面（表2-2）。河北中部和南部的传统村落主要分布在太行山丘陵向平原的过渡地带，北部的传统村落分布在高原盆地区。这些地域是晋文化与冀文化、燕赵文化与游牧文化的交融区，并且位于太行八陉的要冲地带，具有极高的军事与商贸地位。

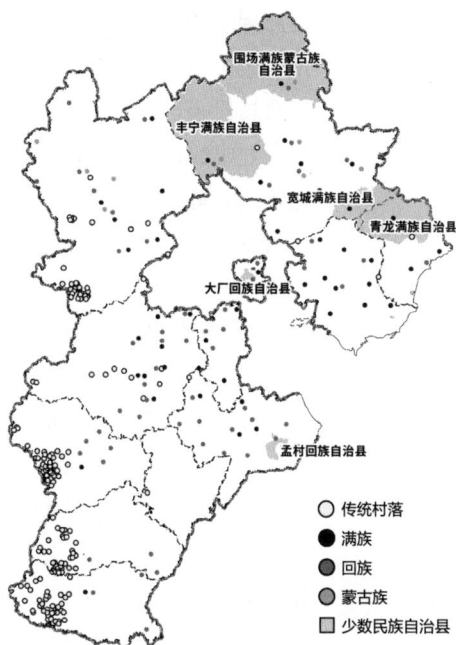

图2-9 河北传统村落分布与少数民族自治县

河北传统村落分布规律　　　　表2-2

影响因素	村落主要分布区域
自然地理	中国第二阶梯与中国第三阶梯的衔接地带； 太行山山地向山麓丘陵过渡地带； 山地盆地的平缓地带； 海河平原
社会文化	晋文化与燕赵文化交融的晋语区； 燕赵文化与北方游牧文化的交融区； 以汉族为主且鲜有少数民族的区域
经济交通	线性自然与文化遗产区域（太行八陉）； 远离快速城镇化的区域； 远离重要的现代交通线路； 中等人口密度区域

2.3　河北传统村落区域划分及其环境要素

村落的分布规律是划定河北传统村落地域分区的主要依据。借助人文地理学的研究方法，叠合各类影响要素，尤其是方言分区所代表的文化区域边界，对河北传统村落进行地域分区。选取样本充分的主要区域中最具代表性的传统村落进行剖析，有助于打破以往仅聚焦于高等级行政区划中的村落的做法，而将河北传统村落置于更加宏观、系统的历史地理的大背景中去审视，从而探究不同片区内传统村落的成因、要素及空间特征，挖掘其发展演变的内在机制。

2.3.1　地域分区原则与方法

对于河北传统村落的地域分区应当遵守以下三个主要原则：第一，划分大区时主要参考其所具有的相似或一致的社会历史文化背景、语言及生活方式；第二，划分大区时兼顾文化景观、文化属性聚集成片且独立的地理单元；第三，划分亚区时重点参考相似或一致的传统村落布局形态及民居类型。[18]

对河北传统村落进行地域分区，其重点在于区分出特征相近和不同的空间单元，将复杂的整体拆解为特征鲜明的若干部分，以便能够客观地获取不同片区的村落空间特征。需要避免孤立地、仅依据单一要素来分析、划定河北传统村落的地域分区。[14]不论是宏观层面村落的空间分布规律，还是中微观层面村落的布局、形态、结构等空间特征，其背后的影响机制纷繁复杂。不同地区的传统村落在不同的主导因素下，与相关要素综合作用，进而形成河北传统村落丰富多元的外在物质特征。[19]对河北传统村落进行地域空间区划时，可以借鉴人文地理学中分区的概念和方法，即通过在宏观维度提取自然地理、社会文化、经济交通等影响因素进行分层叠置，把具有共同或相似特征的区域归类在一起；同时，综合考量每个分区的主导及从属因素，建立可供后续研究参考的河北传统村落的地域综合分区。

进行地域分区，只有清晰地划定分界线的位置与走向，才能将样本村落准确地划归应属的片区。综合分区虽然可以打破行政区划给研究带来的局限性，但为了给后续研究和实践提供参照的具体边界，其界线的划定必须充分考虑适合各等级行政区边界的完整性。通过对河北各类区划变迁历史的研究可知，河北省现存区县级行政区划充分考虑了自然地貌转折与军事、政治、文化事件，以及行政边界与自然山川、河流等的吻合，这说明其在很大程度上是经历了长期的历史演变而延续至今。[20]将这一级别行政单元的边界作为地域综合分区中区划界线的参考，具有较高的可行性和科学性。

2.3.2 地域综合分区

无论什么类型的村落,"都处于一定的地理环境之中,都是一定社会生产力水平下人类活动与特定地理环境结合的产物"。[21]通过对河北传统村落分布规律以及与之直接相关的影响因素的统筹分析,尤其是把自然、文化、经济等主导因素对河北传统村落形成的区划结果叠加处理,采用影响优先的原则,处理各种因素交叉影响的区域。以区县级的行政区划单元为边界,以传统村落为研究对象,以"地理方位+主导文化/语言片区"的方式命名,将河北省划分为:冀西南赵深片区(简称冀西南片区)、冀南晋语片区(简称冀南片区)、冀中定霸片区(简称冀中片区)、冀西北涞阜片区(简称冀西北片区)、冀北塞外片区(简称冀北片区)、冀东北滨海片区(简称冀东北片区)和冀东黄乐片区(简称冀东片区)七大片区。考虑到片区东西地貌的显著差异,进一步以"县/市地名"的方式命名,细化出7个亚区。其中,Ⅴ、Ⅵ、Ⅶ3个片区可供研究的传统村落样本数量过少,故不支持进一步的类型化研究(图2-10)(表2-3)。

图2-10 河北传统村落地域综合分区

河北传统村落地域综合分区   表2-3

分区名称		主导语言	主要区县	亚区	主导因素	村落特征
Ⅰ区	冀西南赵深片区	赵深小片	井陉县、鹿泉区、赞皇县、邢台县、内丘县	Ⅰ-1 井陉亚区 Ⅰ-2 邢台亚区	经济交通、自然地理、历史文化	山地合院、石头民居
Ⅱ区	冀南晋语片区	晋语	磁县、涉县、武安市、峰峰矿区、沙河市、平山县	Ⅱ-1 邯郸亚区 Ⅱ-2 沙河亚区 Ⅱ-3 平山亚区	历史文化、自然地理	山地、丘陵民居，山西移民村落
Ⅲ区	冀中定霸片区	定霸小片	清苑县（今清苑区）、顺平县、阜平县、唐县	—	历史文化	平原、丘陵、山地、水淀多样村落
Ⅳ区	冀西北涞阜片区	涞阜小片	蔚县、怀来县、怀安县、阳原县	Ⅳ-1 蔚县亚区 Ⅳ-2 怀安-怀来亚区	历史文化、自然地理	堡窑（即村落）
Ⅴ区	冀北塞外片区	晋语、北京官话	张北县、丰宁满族自治县			
Ⅵ区	冀东北滨海片区	蓟遵小片	滦县（今滦州市）	样本数量过少，不支持类型化研究		
Ⅶ区	冀东黄乐片区	黄乐小片	衡水市区、冀州市（今冀州区）、武邑县、沧州市区、泊头市、青县			

该综合分区具有以下4项特点：

第一，建立传统村落的地域分区，可以跳出描述单个或小范围内村落的研究局限，从更加宏观的视角重新审视具有不同相似性的河北传统村落群落，以村落作为聚落最小社会单元的基本属性为分析基础，通过相同分区内样本特征的纵向比较与不同分区内样本特征的横向比较，进一步提炼河北传统村落的差异性和共性。

第二，河北传统村落呈现自然、文化、经济因素交织影响的总体特征，而这些因素与区县级的行政区划边界有着较高的重合度；以此为综合分区的最小边界划分依据，不仅打破了以市级行政单位为范畴研究传统村落在学术上的局限性，而且兼顾了学术研究成果在实际保护工作中的可操作性。

第三，因为河北传统村落样本分布严重不均衡，建立分区的概念可以在对有充足样本的区域优先开展系统化研究的同时，明确指出多个样本数量过少，不支持类型化研究的区域。针对这些传统村落物质遗存稀缺的地区，可采用文本研究结合实地取证的方法，逆向推导村落历史时期的空间特征，以逐步完善对河北省境内各区域传统村落的系统性认知。

第四，7个亚区的划分完成了对各大传统村落片区具体特征的分类与提炼，是在宏观共性特征的基础上对中微观个性特征的深入剖析，也将成为本书"整体–局部–整体"分析体系的重要组成部分。

2.3.3 冀西南片区环境要素与特征

冀西南片区地处河北省西南部太行山麓，其传统村落主要分布在石家庄市的井陉县、井陉矿区、鹿泉区，以及邢台市的内丘县、邢台县。冀西南片区虽然与山西紧密相连，但仍然是官话语言片区。通过实地调研可以证实，燕赵文化在此起主导作用，晋文化有不同程度的渗透。可将该区域传统村落的生成环境特征概括为"井陉古驿，红岩山地"。

1. 井陉与井陉县

中国地域辽阔，地势西高东低，总体呈三级阶梯状分布，而太行山的位置正好处在二、三级阶梯的天然分界线上，形成了河北和山西两省的天然屏障。而因山形褶皱与河流长期冲刷切割形成的太行八陉，成为连通东西的咽喉通道。

井陉位于太行山河谷和盆地的山地之间，因地势四方高、中央低，如井之深、如灶之陉，故谓之"井陉"。这种独特的地貌构成，被当地人称为"川地"。井陉也是古关名，又称"土门关"，井陉县名由此而来并沿用至今。因此，井陉县所处既是古代晋冀穿越太行山的路径之一，也是重要的军事关隘和行政单位所在地。位于井陉县腹地的井陉矿区，历史悠久，享有盛名。1898年，井陉县人张凤起与德国人亨内肯（C.Von Henneken）成立"井陉矿务公司"，后来该矿被袁世凯收为官有，并设立"井陉矿务局"。1949年以后，成立河北井陉矿务局至今。

2. 井陉古驿道

井陉古驿道开通于西周时期，是一条东通齐鲁，西达秦晋的车马大道，承载着运送情报物资及军事补给的重要功能。古道由于受地形地貌等条件的限制，道路较为狭窄。[22]公元前221年，秦始皇统一六国后，建立了"车同轨"体系，举全国之力大修直道，"道广五十步，三丈而树"[23]，并以咸阳为中心修筑了驿道，建立了全国的邮驿网络，成为陕西、山西、北京等地的重要交通干线。井陉古驿道是其中的关键路段，现存在秦时驰道遗迹上车轮碾轧的车辙印就是这段历史的最好见证。

元、明、清三代还曾在井陉设驿站、驿铺和相应的邮驿设施，供官方人员途经时停脚歇息；同时，也是各类物资的补给场所。[24] 驿站的车马店和旅店等也逐渐发展为服务于普通百姓、商贾的活动场所。驿道一方面满足了军事征战中的物资运送和信息传递，另一方面官路民用化的过程也促进了运输业的兴起，体现了其重要的经济价值。[25]

井陉古驿道连接了天长古城（今天长镇宋古城村）、天护故城（今天户村）、古威州（今威州镇）等地方行政中心，同时也为娘子关、土门关等关隘要塞提供了后勤支持，是历代兵家的必争之地。如著名的王翦伐赵之战，背水之战，郭子仪、李光弼歼灭叛将史思明以及平定安史之乱等战事都发生在这里，清将刘光才在这里打响了抵抗八国联军的庚子之役；同时，这里也是百团大战的主战场。

在井陉古驿两千多年的时间长河中，发生了无数的历史事件，这些历史事件使得驿道的数量和线路在不同时期有所差异。从地理空间分布来看，古驿道线路有南路、北路两条主路，以及西支线、北支线两条支路。其中，驿道南路、北路和西支线仍有清晰的物质遗存可考，是本研究的主要区域。[26]

在井陉古驿道的各条线路中，南路是开通最早且使用时间最久的。其在隋唐时期就得以修整，并重新通车。[27] 在元明清时期，驿道南路成为河北通往山西的主要通道，大量村落也在这一时期逐渐形成。尤其是在明朝初年，两次山西移民在其中发挥了积极作用，为民间的经济发展和文化交流作出了贡献。

与作为民道的南路不同，驿道北路在更大程度上承载了官道的职能（图2-11）。北路的开通可以追溯至战国，当时的五陉城与曼葭城（与威州城和天长城并称井陉四大古城）之间便是通过驿道北路连接的。[28] 井陉一带的行政治所起初设于天护城（即五陉城），到宋代转至威州城，

图2-11 赵村铺村 [a]、北平望村 [b]（井陉亚区）驿道遗址

在这一过程中，驿道北路始终是官道，与南路共同发挥着巨大的作用。

除了作为井陉驿道主路的南、北两路，太行山亦有两条支路发挥着积极的作用，即北支线与西支线。北支线以威州镇为起点，向北经孙庄、冶里、南北防口、洛阳村，而出县界，至平山县城。此条古驿道的相关要素遗存较少，且具体的通路年代暂无考证。西支线从古至今都是连通河北与山西两省的交通要道，古驿从天长古城出发，沿着绵河，途经乏驴岭村、南峪村、地都村一路西行，到达山西省阳泉市平定县的长城第九关"娘子关"。据《隋书·炀帝纪》记载，"隋大业三年（607年）四月丙申，车驾北巡狩。五月戊午，发河北十余郡丁男凿太行山，达于并州，以通驰道。"其中"河北"指的便是娘子关一带。由此可见，隋代西支线已经贯通，娘子关一带军事地位突出。

作为自然产物的井陉催生了人工产物的井陉驿道，孕育了沿线数量众多的传统村落，成为太行八陉中村与陉关系最为紧密的地区。据《井陉县志》[29]和《石家庄市井陉矿区志》[30]可知，井陉驿道沿线村落的产生主要集中在战国至汉、隋至宋，以及元至清三个阶段（图2-12）。[24]

驿道南路村落（含驿道沿线非国家级传统村落的普通村庄）的平均间距为1000~1500米；而驿道北路村落的间距要大于南路，平均为1500~2500米；天长古城作为驿道的汇聚点，其附近村落十分密集，平

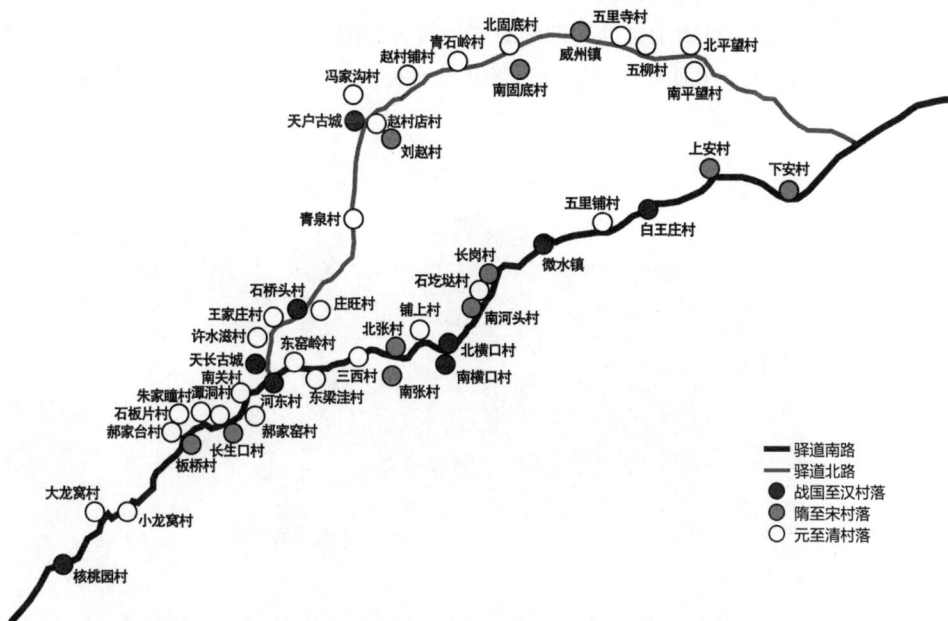

图2-12 井陉古驿道沿线村落成形的三个阶段

（图片来源：陈旭.井陉古驿道沿线村落空间演变及特征研究［D］.北京：北京建筑大学，2019.）

均间距为500～1000米。驿道沿线村落较为规律的分布间隔，类似于唐代三十里一驿、宋朝十里一铺的邮驿制度，体现了它们在历史上曾经具备的转运物资、传递信息的军事功能。随着驿道这一功能的日渐淡化，交通功能为驿道沿线村落的发展提供了便捷、稳定外部环境，为村落的经济建设提供了保障。[26]

3. 井陉窑

井陉窑遗址位于河北省井陉县中北部和井陉矿区一带，是一个历经从隋到清多个朝代的大型瓷窑址集群，也是一处具有工艺及文化代表性的古窑址群。作为河北四大名窑之一，它分布之广，烧造时间之长，文化内涵之丰富，对于中国陶瓷工艺的发展有着极高的历史研究价值。

南横口村的古瓷窑作为井陉窑的重要组成部分和典型代表，于2001年被列入国家级重点文物保护单位。它既是全国独有并保存完好的馒头窑，也是唯一在地面上可以观看井陉窑陶瓷生产全貌的传统村落，是陶瓷文化和南横口特色瓷器手工业的载体。南横口村出产的中空结构笼盔十分特殊，用它砌筑的建筑墙体具有较好的保温、防潮功能。南横口村凭借古瓷窑遗址与材质别具一格的民居，构建出极具特色的村落风貌（图2-13）。

4. 嶂石岩地貌

太行山山脉的横向嶂石岩地貌为中国三大砂岩地貌之一（另两类砂岩地貌分别为丹霞地貌和张家界地貌），这种新的地貌类型被地理学家

图2-13 井陉窑南横口村（井陉亚区）窑址

以其最初发现地命名为嶂石岩地貌。该地貌主要由薄层砂岩和页岩形成，绵延数公里，岩体则由岩墙峭壁和嶂石岩地貌构成三叠结构，其表层的黄土层上长满了各种植物，中间层是铁质红色石英砂岩层，而底层是泥岩或砂质泥岩。太行山山脉以岩壁像万丈屏障，气势磅礴著称于世，是我国第二、三级地势阶梯的分界线，而太行山的崖壁又是"阶梯中的阶梯"。[31]

嶂石岩地貌主要分布于河北省中南部的太行山深山区，在赞皇县、邢台县和沙河市等地；凭借其独特的色彩与肌理，对区域内的传统村落产生了深刻的影响。这一带的传统村落，从建筑墙体、屋面盖板到街巷路面铺装，各类营造多采用红石修筑，辨识度极高。这些红石村落往往坐落在高大笔直的嶂石岩绝壁下，形成了自然与人文相互呼应的珍贵景观。

5. 区域传统村落分布特征

在冀西南片区中，井陉亚区（井陉县+井陉矿区）拥有的传统村落样本数量最多，达到46个。井陉亚区位于石家庄市西侧、太行山东麓，平山亚区位于其北侧。因其处于太行山的天然孔道（即必经关口）处，自古有多条古道穿越，连通太行山东、西两侧。但山区区位相对偏远，不少"小路"随着历史的演替，逐渐失去职能而慢慢荒废，只有其中的"秦皇古驿道"依然有着清晰的遗迹可循。井陉亚区的西部和西南部与山西接壤，且其边界村落在历史上也曾归属山西，与山西交往频繁。井陉亚区传统村落主要集中在甘陶河以西的山区，总体呈"三等分"特征。即1/3坐落在古驿道沿线，且南多北少、西多东少；1/3分布在于家乡及其以南的几个乡镇；剩下1/3均匀地散落在井陉北部地区。

邢台亚区传统村落主要分属3个地区，内丘县3个，邢台县15个，赞皇县1个。这些村落形成了3个主要组群：北部组群由赞皇县、内丘县和邢台县北小庄乡的村落组成；西南组群由邢台县路罗镇的村落组成，这两个组群主要分布在深山嶂石岩地貌区（图2-14），邻近晋冀交界处；东南组群由邢台市南石门镇、太子井乡的村落组成，处于较为平缓的平原及丘陵地带，距离邢台市区较近。

2.3.4　冀南片区环境要素与特征

冀南片区主要由两部分组成：一部分在冀西北，包括张家口市除蔚县外的全部区域；另一部分在冀南，包括邯郸市、沙河市、平山县等地。南部晋语区是传统村落较为密集的区域，作为传统村落分区中的

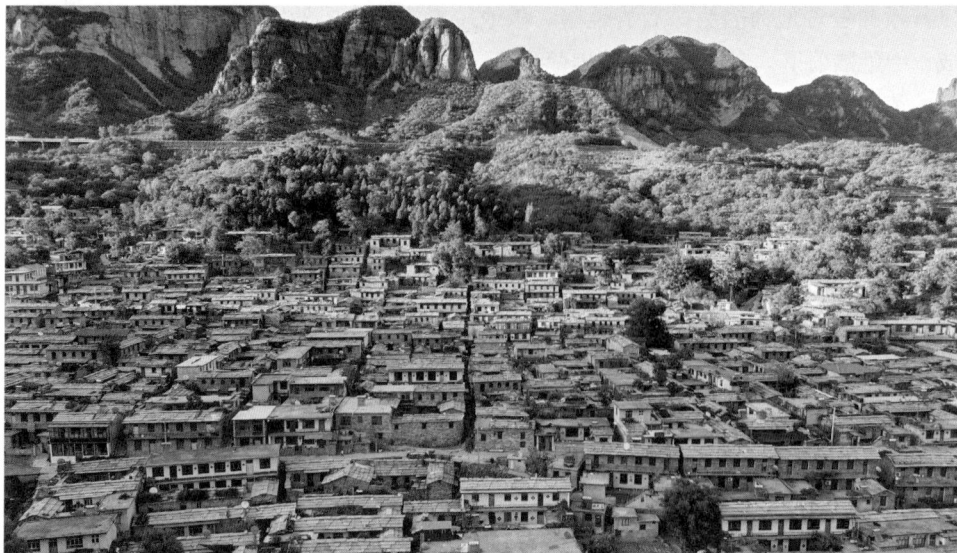

图2-14 桃树坪村（邢台亚区）与北侧嶂石岩地貌

"冀南晋语片区"展开深入论述。该片区共有邯郸、沙河、平山三个亚区，是河北传统村落特征最为复杂多样的地区。传统村落主要分布在邯郸市境内的磁县、涉县、武安市、峰峰矿区，以及邢台市境内的沙河市和石家庄市境内的平山县。与井陉地区邻近山西，受到外在影响不同，该片区内的村落坐落在晋语区，与晋文化同根同源且关联更为密切。区域传统村落生成环境特征可概括为"山西移民，旱作梯田"。

1. 明初山西移民

元朝长期的残酷统治，致使北京、河北一带民不聊生、经济凋敝，由于人口的减少导致大量土地荒废，农业生产也困难重重。明建文年间，"靖难之役"的爆发，使得这片土地再次遭受了惨烈的战争破坏。官府为了重新开垦大量荒地，推行了民屯政策，强制迁徙民户来垦荒、屯种；由此，造就了明初从洪武到永乐年间长达五十余载的移民历史。[32]

正因为大规模的人口迁徙，现今河南、河北的大部分人口的祖籍都是山西，形成了"问我祖先来何处，山西洪洞大槐树"的俗谚。这一广为流传的历史事件，也被记载进了族谱之中。这些百姓的编里发迁或由各布政司或由户部执行，并在军都督的押解下，送往各个州县行政辖区。据《明史·食货志》记载："河北诸州县土著者以社分里甲。迁民分屯之地，以屯分里甲，社民先占亩广，屯民新占亩狭，故屯地谓之小亩，社地谓之广亩。"就是说移民到了分配的屯田之地后，以区域屯分里甲；而那些原住民则是以社分里甲。其中亦载："太祖仍元里社制，河北诸州县，土著者以社分里甲，迁民分屯之地，以屯分里甲"。在此背景下形成的移民村，其名称有一定的规律可循。如"姓氏+家/庄"模式的宋家村、白庄村，"方位/大小+姓氏"模式的南王庄、东苗庄村，以及"姓氏+地理特征"模式的彭硇村、樊下曹村。

从《明史·太祖本纪》中可知，虽然迁徙是官府强制性的举措，但移民也相应得到了较好的政策与待遇，如三年内不用缴纳赋税，且得到了不少农业用具以及钱钞，以便能够尽快开展生产生活。《天下郡国利病书》"北直·大名府田赋志"中提及："国家洪武初，承金、元之后，户口凋耗，闾里数空，诸州县频徙山西泽、潞民填实之。予过魏县，长老云：'魏县非土著者什八，及浚、滑、内黄、东明之间，隶屯田者什三，可概见矣'。"明末清初的大儒顾炎武，在河北大名府魏县了解居民情况时，得知当地移民迁居人口竟达到了十之有八，从另一侧面证实了明初山西移民的数量之多。

据《明史》《明实录》《日知录之余》等史料记载，山西移民分布在全国30个省市，2217个县市，其中北京、天津、河北境内有142个县市。明初山西移民在冀南地区主要分布在广平府一带，据统计（表2-4），移民数量在永乐年间又有了大规模增加，构成了该区域的主要人口基数。[33]

河北省（广平府）平乡等五县自然村建村时期和原籍　表2-4

时期＼原籍	本区	山西	山东	军人	合计
元末以前	51	1	1	—	53
明初	—	52	—	—	52
明洪武	—	8	—	—	8
明永乐	1	123	2	3	129
合计	52	184	3	3	242

注：曹树基. 中国移民史·第五卷·明时期［M］. 福州：福建人民出版社，1997.

在史料中，关于移民迁移的具体路线鲜有记载，不仅因为在每一次大规模移民中，同一出发点的人群可能会走不同的路径，还因为移民的方式除自上而下之外，还包括自下而上。但由于那个历史时期的交通条件较差，加上特征突出的地形地貌和军事因素，不难推断出移民迁徙的大致线路。在河北与山西之间可供通行的天然通道主要为太行八陉，滏口陉是山西移民穿越山脉、抵达冀南地区的常用路径。

山西移民对于冀南地区传统村落的影响，可以概括为直接与间接两个方面：其一，直接促使许多传统村落形成，改变了区域人口的籍贯比例，增加了冀南地区的耕地面积和粮食等农作物的产量；其二，间接改变了冀南地区的方言及文化特征构成。[34]传统村落是人类改造自然的最初级建成遗产，其整体物理空间的形成原因仍然是以适应自然环境为主；同时，受到山西移民带来的文化影响，其更多反映在院落布局、建筑细部及精神性场所上。

2．滏口陉

滏口陉，是太行八陉的第四陉，是连接河北邯郸与山西长治的横断太行山脉的天然通道[35]，从今河北省邯郸市峰峰矿区西纸坊村南出发，途经涉（今涉县）和路（今潞城市）。地貌形态东段因山脉大断裂而陡峭，西段则趋于缓和，并串联若干黄土盆地（图2-15）。[36]现存河北传统村落均分布在滏口陉西段较为平缓的地带，其布局相较于井陉传统村落要舒展许多。顾祖禹在《读史方舆纪要·五·河南 陕西》卷四十九·河南四"滏山"条中描述滏口陉为"在县东南二十里，即滏口，太行第四陉也。山岭高深，实为险厄。"[37]滏口陉的古代历史主要集中在东晋十六国时期，在这一阶段邺城五朝为都，即后赵、冉魏、前燕、东魏、北齐均在此建都[38]，滏口陉距邺都不足百里，为邺都的西门户，自然成为兵家必争之地。[39]明代这里是山西人移民河北的主要迁徙廊道。自1938年以来，八路军一二九师在这一带的抗日活动十分活跃，晋冀鲁豫军区司令部就曾设置在滏口陉沿线的冶陶村。

图2-15 滏口陉路径

3．旱作梯田

北方旱作农业中的谷子文化，可追溯至被首次发现于邯郸市武安县磁山的新石器文化——磁山文化时期。磁山文化有三项"世界之最"——最早由人工培植粟类、最早饲养家鸡、最早种植核桃。与河姆渡所代表的南方水稻文化相对应，磁山文化为北方旱作农业文化的代表。

河北传统村落由于绝大多数坐落于丘陵地带，所以粮食耕种主要采用梯田系统。与其他地区不同，冀南片区的丘陵及山地存在较多开阔、舒展的坡地空间，在村民的开垦下，这里形成了极具北方特色的旱作梯田。梯田具有生产、生态双赢的属性：一方面为山区村落提供了生存所必需的农业生产资料；另一方面层层台地减缓了地表径流速度，便于耕作的同时，也实现了水土保持的生态作用，实现了人与自然的和谐共生；从而成为旱作农业的重要文化景观。[40]

冀南片区的旱作梯田没有南方水梯田那样的水利系统，仅能种植谷子、玉米等耐旱作物；虽不富饶，但也不需要过多的管理与照料，较少使用复杂笨重的农具。加之有大量山坡或山垴可供开垦，无形中使得这片区域内传统村落的农田面积相对河北其他地区更大。

在冀南片区中，涉县王金庄村的旱作梯田系统凭借其宏大的规模和高差，被联合国世界粮食计划署的专家誉为"世界一大奇迹""中国第二长城"。王金庄梯田的总面积多达800余公顷，由尺度各异的5万余块大小梯田组成，其耕作土层厚度为20~50厘米，由长度近5000公里的石堰砌筑围合，垂直高差近500米。王金庄梯田展现了劳动人民适应大自然的智慧，构成了传统村落最为独特的农耕文化景观（图2-16）。

图2-16 王金庄村（邯郸亚区）旱作梯田

4．子牙河水系

子牙河流域位于海河流域的中南部，是海河水系的5条重要支流（子牙河、永定河、北运河、南运河、大清河）之一。流域西起太行山，东临渤海，南临漳卫河，北界大清河，跨越山西、河北、天津三省市。子牙河流域由滏阳河和滹沱河两大河系组成，其西起太行山麓滏口陉东段，在邯郸峰峰矿区传统村落金村（邯郸亚区）一带形成滏阳河，继而向邢台、衡水方向流淌，全长413公里。滹沱河发源于山西省繁峙县，于石家庄平山县猴刎村流入河北境内，途经

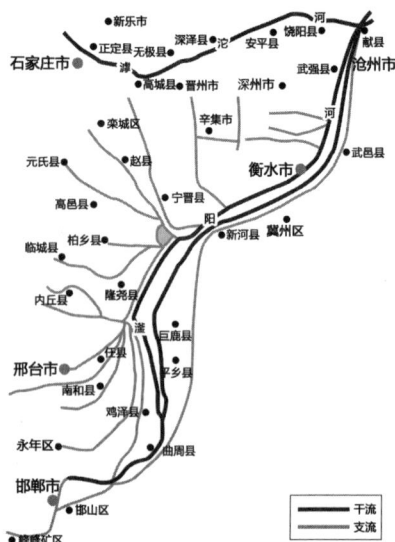

图2-17　子牙河水系流域图

大坪村、大庄村（平山亚区），向东流至献县，与滏阳河汇合后入子牙河，全长587公里（图2-17）。冀南片区的传统村落因同属晋语片区，居民多为山西移民的后代，有着同源的文化联系；更因为子牙河水系，而有了紧密的物质联系。

5．区域传统村落分布特征

冀南片区的传统村落样本主要分布在石家庄市平山县、邢台市沙河市，以及邯郸市太行山东麓的低山丘陵地带。邯郸亚区共有43个国家级传统村落，数量为区域最多，主要分布在磁县、涉县、武安市和峰峰矿区；其中，涉县与磁县之间的山区是村落分布最为集中的地带。沙河亚区位于邯郸亚区北侧，共有传统村落21个，以山地村落为主。而平山亚区距离其他两个亚区较远，隶属于石家庄市，该地区5个传统村落中有4个是由山西移民迁徙而成，与石家庄的其他传统村落相距较远，形成了独具特色的"飞地"。

总体而言，邯郸亚区的传统村落位于山区，跨越了多个区县，分布比较分散，平均间距为3~5公里。沙河亚区的传统村落分布较为集中，村与村之间的平均间距为1~3公里，这与两个片区的山地走势关系密切。平山亚区的传统村落数量稀少，但分布相对集中，平均间距为2~5公里。

2.3.5　冀中片区环境要素与特征

冀中片区地处河北省中部，传统村落均隶属于保定市，主要分布在清苑县（今清苑区）、顺平县、涞水县、安新县、阜平县和唐县。其自然环境涵盖了从平原到山地的各类地貌；其中，平原村落具有较强的代表性。因地势平坦、自然制约因素较少，历史文化要素的影响更为显著。而坐落在其他地形的传统村落，则更多地受到自然环境的影响，从而体现为因地制宜地布局空间，集约有效地开展生产生活。该区域传统村落的生成环境特征可概括为"横跨东西，地貌多变"。

1．海河平原

保定市位于太行山北段东麓，地形为自西北向东南呈阶梯状下降。[41]其中，满城县（今满城区）以东、以南区域为平原区（含保定市区及其清苑区大部），面积约有1399平方公里，占全市总面积的77.8%。海拔多为10～50米，地势平坦、开阔，河渠纵横。[42]这片区域属于海河平原，是华北平原的组成部分，也是中国粮棉的重要产区，主要农作物为小麦、玉米和棉花。[43]

平原地貌塑造了与山区地貌截然不同的传统村落空间格局。不同于邯郸亚区、沙河亚区地处山区的传统村落，冀中片区的平原村落拥有更好的自然环境、更加便捷的交通，以及更高产的农田。村落整体规模普遍较大，可达上千亩。然而，上述发展优势往往也会带来传统村落保护方面的挑战。以戎宫营村为例（图2-18），村中传统院落由于年久失修、维护费用高昂、人居条件差，逐渐被现代合院所取代。

图2-18　戎宫营村（冀中片区）鸟瞰

2．白洋淀

保定市的最高点为满城县（今满城区）大牛山利华尖，海拔1057米；最低点位于清苑县（今清苑区）境内东部边缘的藻杂淀（白洋淀）附近，海拔8米。[42]白洋淀东临雄县、任丘县（今任丘市），西连徐水县（今徐水区）、清苑县（今清苑区），南邻高阳县，北对容城县，总面积约为366平方公里，由正淀、烧车淀、藻苲淀等143个相互连通的淀泊组成，范围涵盖安新县、容城县、霸县（今霸州市）等多个地区，其中归属安新县的部分面积最大。[44]淀域内各个淀泊、河渠、村落、苇地相连，星罗棋布，淀域地形复杂多样。除百余个大小不等的淀泊外，还有3700多条壕沟错落分布。[45]白洋淀附近的洼地是水位的波动区，涨水时淹没，枯水时露出水面；同时也是河流的入口处，芦苇丛生。

白洋淀地区的村落（图2-19）自古以来就注重处理与水的微妙关系，从清乾隆时期（图2-20）安新县的村落分布可以发现，它们呈现出沿河流、堤坝分布的特征。此外，因陆地少的缘故，人们往往将房屋

图2-19　白洋淀地区村落鸟瞰

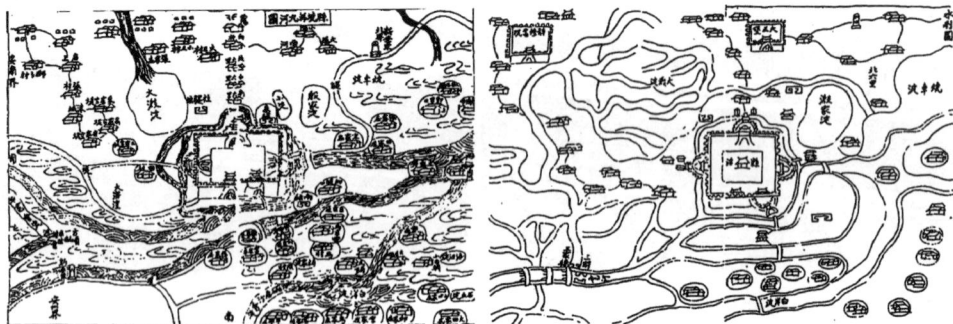

图2-20　清乾隆时期安新县村庄分布

（图片来源：高景，孙孝芬，张麟甲. 乾隆新安县志［M］. 上海：上海书店出版社，2006.）

修建于较为宽阔的堤坝上，或淀中地势较高处，以便应对洪涝灾害以及日常利用淀泊获取资源。[46]

白洋淀湿地的景观格局演变是自然与社会、经济等因素综合作用的结果，由1984～2014年的景观格局变化可以清晰地发现，农田和居民点持续快速增长，而水体则呈现"增长-减少-再增长"的趋势，人口增长和社会、经济发展深深地影响着白洋淀的景观格局。[47]

白洋淀内的传统村落有着区别于河北其他地方传统村落的独特自然生态环境。这些村落或置身于水淀之中，或环绕水淀临水而居。长久以来，这些村落靠水生活，以淡水养殖与自然捕捞业、芦苇蒲草加工业为主要经济来源。随处可见大大小小斑块状的芦苇田环绕在村落周围。

3. 蒲阴陉

蒲阴陉亦是连接河北与山西的天然通道，关于其准确走势，学界一直有所争议。大多数流传的说法是根据东汉训诂学家高诱在《吕氏春秋注》中所写"冥阨、荆阮、方城皆在楚"，而将古九塞之一的"荆阮"认定为易县紫荆关。此观点提出了飞狐陉与蒲阴陉本属一陉的观点，其中飞狐陉是外陉，连接蔚县与涞源（县）；而蒲阴陉为内陉，是拒马河上游的河谷，经紫荆关连接涞源与易县。

另有一类观点则是根据著名历史学家严耕望所著《唐代交通图考》，书中提出涞源是交通枢纽，五道并出，到蔚县是北道，经飞狐关；涞源到灵丘是西道，经天门关（也称石门关、隘口关）；涞源到易县是东道，经子庄关；涞源到保定是东南道，经五阮关（五回岭）；涞源到定州是西南道，经倒马关（倒马岭）。[48]其中，蒲阴陉应是去蒲阴城的东南道，所以五阮关并非紫荆关，而是在五回道上，是五回岭南侧的漕河流域。因此，蒲阴陉的路线应当是从保定顺平县起，向西北途经倒马关，到达山西灵丘县。

若根据第一类观点，则蒲阴陉与冀中片区的传统村落样本联系薄弱；若采用第二类观点，则可发现在蒲阴陉倒马关至顺平县一段的南北两侧15公里范围内，距离不等地分布有和家庄村、史家佐村、刘家庄村和北康关村（图2-21）。由于这一带山势陡峭，且蒲阴陉空间较为狭窄，并没有村落样本正好坐落在古陉之上。这些传统村落显著的空间布局特征，更多地体现出与所处自然环境的呼应。

4. 区域传统村落分布特征

该区域共有传统村落样本12个，其整体分布的最大特征，除岭南台

图2-21　蒲阴陉线路的第二类观点

村以外的其余村落，在东西方向上几乎沿着同一条水平轴线分布，村落间距离较远（最西端阜平县骆驼湾村与最东端安新县圈头村间距近200公里）。所处地貌多变，涵盖了山地、丘陵、平原和洼地（含水淀）等各类地貌。其中，位于山地的村落主要有朱家庵村、岭南台村等4个；位于丘陵地貌的有北康关村等3个；位于平原地貌的村落有南腰山村等4个；位于水淀地貌的村落有圈头村1个。

2.3.6　冀西北片区环境要素与特征

　　冀西北片区地处河北省西北角，传统村落主要分布在蔚县、怀安县和怀来县三地。高原盆地的独特地形，加之地处内长城防御体系的外围，常年受到游牧民族的侵袭，造就了该片区内传统村落与河北其他地域村落截然不同的空间特征。结合文化历史、自然地理的因素，进一步将冀西北片区细分为蔚县亚区和怀安-怀来亚区。村落特征可概括为"堡窑即村落"，区域传统村落生成环境特征可概括为"塞外盆地，自成体系"。

1. 封闭的高原盆地
蔚县亚区和怀安-怀来亚区所在的桑干-洋河山地盆地，被太行山脉、燕山山脉、阴山山脉所包围，形成了一个相对封闭且独立的生成环境。加之频发外族入侵和战乱，促成了"堡即是村"的特殊传统村落空间格局。

其中，蔚县位于河北的西北部太行山、燕山、恒山三山的交会处，是著名的"燕（幽）云十六州"之一的蔚州，具有深厚的文化底蕴。蔚县有着1400多年的历史，其在商周时期为代国，秦至西晋时期为代郡，直到北周时期才更名为"蔚州"。[49]鉴于其重要的战略位置，明朝初年建立了州与卫所两套体系。到了民国才正式改称"蔚县"，20世纪50年代后隶属于张家口市。蔚县由河川、丘陵和山区三个自然区域构成，由于恒山余脉分南、北两支环抱蔚县，形成了南部山区和北部丘陵高，中间河川低的盆地地貌。蔚县南部的山区有通往华北平原的多条孔道，太行八陉之一的飞狐陉便坐落于此。

怀安所在区域，西周时分属幽州和并州，秦始皇统一六国后，怀安隶属于代郡之代县（今蔚县代王城镇），可见这里自古就与蔚县关系密切。唐代，怀安曾一度被突厥占领，后因突厥归降，唐朝统治者以"朝廷施行仁政，百姓怀恩而安"为之命名。该区域系冀西北山间盆地之一，地貌为山区丘陵，沟壑纵横，整体呈西高东低、南高北低的地势走向。除山峰外，平均海拔高于蔚县，在1000米左右。[50]

怀来自古就是北方的边防重镇。秦汉时期，怀来的前身沮阳城已成为上谷郡郡治所在地，唐代怀来为妫州郡治所，元代在此设置重要的驿站网络，明代怀来境内的土木堡发生"土木之变"。自北京成为多个朝代的都城后，怀来更成为京城控制北疆的要塞。怀来属燕山山地，周边环绕的大海坨山、军都山等燕山支脉成为怀来盆地的天然屏障。地形呈由东南向西北逐渐抬升的趋势。[51]怀安、怀来因属于东亚大陆性季风气候的中温带半干旱区，年平均降水量仅在400毫米左右，对传统村落及民居影响至深。

2. 游牧民族入侵与村落防御

蔚县、怀安、怀来一带地处农牧交错区域，不同的经济与文化类型，不同的民族传统相互交融、相互依存，凸显了交错地带文化的多样性。[52]据尹耕《乡约》中记载：从明宣德年间开始，蔚州出现了虏患（表2-5），区域内不得不进行军事戒严。到了正德、嘉靖年间，形势更为严峻，进而形成军民分工合作的防御机制，"乡成则畎亩皆险，约举则耒耜皆兵。塞以严外防，而堡以严中坚。兵以战境上，而民以战清野，不俟督责之繁，而人自为力；无劳教阅之素，而俗自知方。计无得于此者"。由此可见，明代的蔚县地区，军事要塞和民间村堡已构成区域协防的重要体系（图2-22）。时至嘉靖年间，外族入侵加剧，"虏垂及境，令曰，虏已至，其无一人一物在堡外也""胡骑数临，马直兴尤，血刃屡见，虏盖强焉……近年以来，虏我丁口，生养日滋，登我叛人，虚实尽谙。"[53] 为防止游牧民族的士兵攻入，蔚州各村堡纷纷利用清野的策略加强防御，因而村堡邻近的外部空间极少建设房屋或种植树木，这样

明代北元残余掳掠蔚境统计表   表2-5

时间	事件	相关历史背景
正统十四年（1449年）十月	也先、脱脱不花烧紫荆关入犯；帝在军中，军退，十月十九日到蔚州，二十一日驻顺圣川，二十四日北行	土木之变
弘治十三年（1500年）五月	寇自大同阳和入，南至顺圣川犯蔚州	—
正德九年（1514年）六月	北部由野狐岭，寇顺圣东西城；秋，复由膳房堡入，掠镇城，南至蔚州，由顺圣川出游击	平河北盗
正德九年（1514年）九月	小王子犯宣府、蔚州	蒙古诸部入犯
嘉靖十九年（1540年）秋	俺答诸部大举入宣府，过顺圣抵蔚州；总兵白爵等出战败绩，俺答留宣府两月乃去	蒙古诸部入犯
嘉靖二十三年（1544年）十月	小王子入万全右卫，戊寅，掠蔚州，至于完县	蒙古诸部入犯
嘉靖二十四年（1545年）八月	俺答犯松子岭，杀守备张文瀚	蒙古诸部入犯
嘉靖三十二年（1553年）八月	寇犯蔚州	蒙古诸部入犯
嘉靖三十八年（1559年）八月	敌寇顺圣东西川，抵蔚州，攻破城堡十数，杀掠数万计；镇兵皆避不敢击	蒙古诸部入犯

注：李新威. 千年古韵蔚州城［M］. 北京：科学出版社，2013.

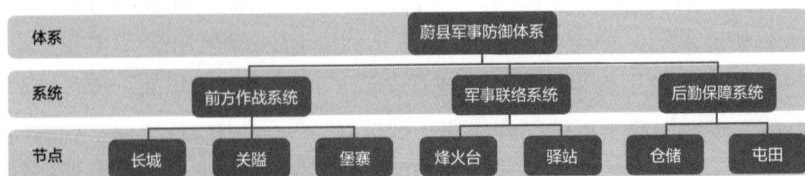

图2-22　明代蔚县军事防御体系构成

更有利于利用真武庙对四周开展观察、守备。

从明宣德年间出现外族入侵，到隆庆年间的"隆庆和议"，是一个从战争到和平的演进过程。面对明、蒙持续对峙的压力，蔚县传统村落所处地理空间对于蒙古势力较为有利，身处其中的村民由此产生了格外关注生存安危的紧张心态，影响了他们的营造措施与标准，形成了近似里制、具有极强外隔、内聚属性的村落空间。[54]自然环境因素和社会因素对于这些村堡产生了双重影响，不仅促进了村堡形态上的内聚，也体现了社会网络的聚集。闫家寨村、宋家庄村、邢家庄村等以姓氏命名村落的数量要远多于河北其他地区，这是宗族聚集、共同防御的真实写照。[55]

张家口一带传统村落最大的特殊之处，在于他们是长城防御体系的重要支撑。明代为了拱卫京师及中原，在北京西部修建了内、外长城两道防御体系，而蔚县就处在内、外长城的中间缓冲地带。利用壶流河等水系种植的粮食，除了是村民赖以为生的资源外，还可供给军事防御，这也正是北方游牧民族不断掠夺此地的主要原因。除了线性的长城墙体和面状的军事重镇，可作为主要防御手段外，明朝还利用军事防御聚落和民用防御聚落作为点状补充，进而构成完整的军防体系。[56]蔚县地区的军事防御聚落是自上而下布局的产物，成为作战系统中的组成部分；此外，还需要联络和保障系统的协同，才能形成有效防御。民用防御聚落——村堡，即本书中关注的城堡型传统村落，为自下而上的建造结果。它们数量庞大，遍布蔚县各个地区，互成掎角之势，对于区域内民众生产生活的长治久安起到了决定性的作用（表2-6）。[57]

民用防御聚落与军事防御聚落区别表 表2-6

聚落类别	民用防御聚落	军事防御聚落
主要功能	以生产生活为主，兼具防御功能	纯军事防御功能
建造动力	民众（自下而上建造）	朝廷（自上而下建造）
主要特征	1. 选择易于生产生活的地方，地形易守难攻； 2. 受各种因素影响，聚落表现形式存在差异； 3. 距离较近的聚落形成防御群落，群落内聚落既有平等互助型，也有中心聚落与辅助聚落结合型	1. 选择地形险要的地方，结合水源，控制要害； 2. 成体系建造，防御体系保卫中心，层层设防； 3. 集中防御与分散防御结合布置，形成全面的安全保护屏障； 4. 营建等级森严、形式固定，内部必有衙署建筑

注：孙瑞. 蔚县地区民用防御聚落空间形态特征研究［D］. 北京：北京建筑大学，2018.

3. 飞狐陉与军都陉

飞狐陉与军都陉是太行八陉中北端的最后两陉，他们连接着张家口与保定、北京（图2-23）。尹耕在《两镇三关志》中记载："宣大通中原有二门，居庸关当其后，紫荆关置其前；走居庸关者必经鸡鸣山，走紫荆者必经黑石岭。"[58]守住黑石岭就等于守住了飞狐陉，两者一荣俱荣，一损俱损，充分说明了两陉之间的密切关系。

飞狐陉地处蔚县最南端，一共有两段：北段是较为关键的一段，位于今河北省涞源县北和蔚县南之间的深山区，是许多通往中原的关隘和孔道中最为重要的一条；南段则从涞源途经紫荆关，到达易县。古人有云："踞飞狐，扼吭拊背，进逼幽、燕，最胜之地也。"即通过飞狐陉，中原的军队可出击塞北，控制大漠；同样，塞外的游牧民族亦可取其道直达中原。蔚县的众多村堡不仅可以为长城防御体系提供给养，同时也是飞狐陉最好的外围缓冲防御。或者说，古道沙场使得这片土地成为元、明、清三朝兵家屯兵、补给、防御的要地，塑造了蔚县几百座村堡的鲜明特色。[49]飞狐口又名北口峪，是这一军事、交通、商贸通道的北出口，坐落着传统村落——北口村。村中明末修建的官署已无迹可寻，但村南留存至今的夯土烽火台，为古时御敌报信的设施。

怀来与北京之间是太行山、燕山山脉的地理分界线，这里山高谷深、雄关险踞，军都陉便是穿越于其间的天然通道，又名关沟。明英宗朱祁镇率领军队从京师北上，出居庸关，途经岔道城，沿着军都陉到达

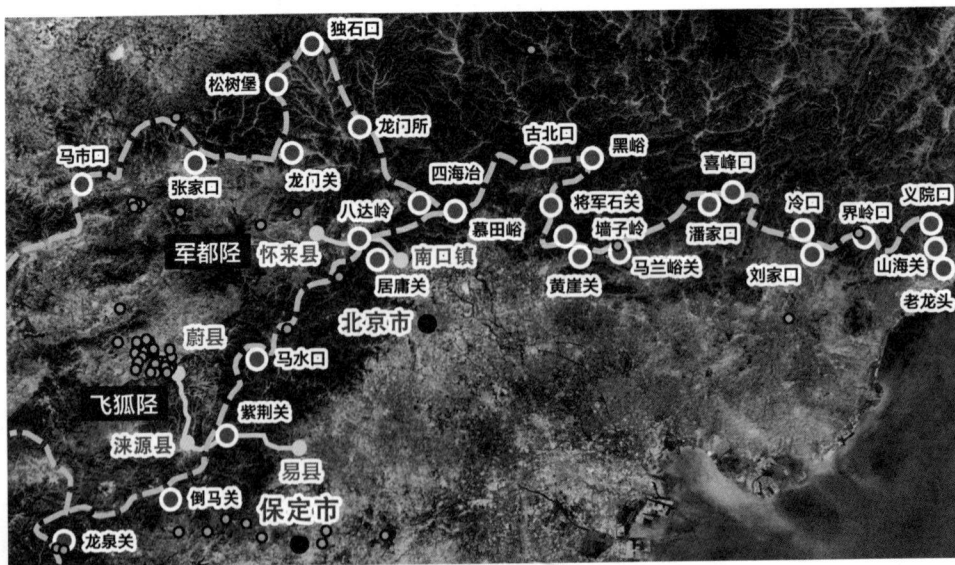

图2-23 飞狐陉、军都陉与长城防御体系走势

怀来。瓦剌在土木堡打败明军并俘虏英宗后，进而沿着军都陉向北京进犯。一旦草原骑兵绕过外长城防御体系，沿军都陉取宣化、攻怀延，作为都城的北京将会面临直接的危机。因此，历史上的战争博弈揭示出军都陉重要的军事地位。与军都陉关系密切的传统村落样本很少，仅以古陉向西北怀来谷底外延路径上的鸡鸣驿村为代表。

4. 区域传统村落分布特征

冀西北片区的传统村落样本主要分布在张家口地区的南北两端，相对集中在蔚县亚区和怀安–怀来亚区。其中，怀来县3处、怀安县7处、蔚县41处、阳原县1处，共计52处。

蔚县北部丘陵因长久以来受外力侵蚀，走势脉络破碎、沟壑纵横，但山丘顶部相对平缓，有少量传统村落择址于此。[59]中北部地区几乎都是土质疏松的黄土，大小水流冲刷出密集的河网；余下的区域则形成台地，成为传统村落选址的主要地貌之一。中部河川区，有壶流河及其支流清水河、定安河穿过，水资源丰富，有利于农作物种植；明代这里云集了大量军、政、商人，也是传统村落密集分布的区域所在，这些传统村落由中西部向东北部呈带状分布。蔚县大量城堡型传统村落的多层次分布，成为该区域极为有效的人工防御屏障，它们与西北、东南山地构成的自然屏障相结合，阻击了来自北方游牧民族的侵扰，保障了京师的安全。蔚县南部山区地势险要、交通不便，不仅没有村堡样本分布，十多公里范围内都鲜有村落（图2-24）。[57]

怀安县位于蔚县北部，居晋、冀、蒙三省（区）交界处。[60]怀安县历史悠久，早在春秋战国时期就有建制，唐穆宗长庆二年（822年），

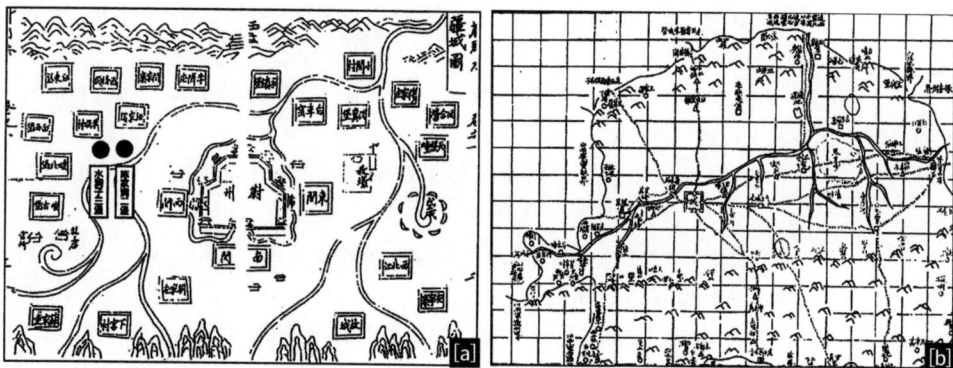

图2-24 蔚郡疆域图 [a] 与州境全图 [b]

（图片来源：殷梦霞. 日本藏中国罕见地方志丛刊续编：第1册 [M]. 北京：北京图书馆出版社，2003；庆之金. 蔚州志 [Z]. 蔚县人民政府办公室，1986.）

正式命名为怀安县。区域内7个传统村落中有6个集中分布在西沙城乡所在的浅山丘陵区，余下1个坐落在左卫镇。而怀来县的3处传统村落位置极为分散，分别位于鸡鸣驿乡、瑞云观乡和王家楼回族乡。

2.4 本章小结

本章以河北省境内206个国家级传统村落为样本，运用地理信息系统，首先从省域尺度分析了河北传统村落的空间分布状况，以及元及元以前、明、清、民国各时期的村落生成过程。接着在宏观层面，通过对自然、文化、经济三个主要影响因素展开深入解析，试图建立传统村落分布与各类影响因素之间的关联。进而推导出具有区域视角的河北传统村落区域划分，归纳出包括冀西南赵深片区、冀南晋语片区、冀中定霸片区在内的7个片区，并进一步细分出井陉、邢台、邯郸等7个亚区。将复杂多元的村落样本纳入体系化的研究框架中，有助于打破仅依据行政边界开展研究所产生的认知局限。在此基础上，充分提炼样本量充足的4个片区的传统村落环境要素与特征，挖掘各区域内直接影响传统村落空间生长、发展及形成特征的动因。

参考文献

[1] 冯亚南. 河北省山区古村落的"活性化"研究［D］. 保定：河北农业大学，2012.

[2] 张聚华. 区域经济非均衡状态下的可持续发展研究［D］. 天津：天津大学，2004.

[3] 詹文宏，孙继民，李金善. 中国地域文化通览·河北卷［M］. 北京：中华书局，2014.

[4] 鲁西奇. 散村与集村：传统中国的乡村聚落形态及其演变［J］. 华中师范大学学报（人文社会科学版），2013，52（04）：113-130.

[5] 田银生，宋海瑜. 中国城市的地域分区探讨［J］. 城市规划学刊，2007（02）：81-86.

[6] 河北省地方志编纂委员会. 河北省志·第3卷·自然地理志［M］. 石家庄：河北科学技术出版社，1993.

[7] 车高红，刘辉，赵元杰. 河北省生态环境安全评价及可持续发展对策［J］. 江苏农业科学，2017，45（07）：272-276.

[8] 吴云鹏. 河北省桃产业发展优势分析及对策［J］. 现代农村科技，2014（12）：11.

[9] 河北省水文水资源勘测局. 河北省水文志：1999年之前［M］. 石家庄：河北人

民出版社，2016.

[10] 李茵茵. 基于AHP层次分析法的井陉县中部区域传统村落片区保护研究 [D]. 邯郸：河北工程大学，2017.

[11] 拉普卜特. 宅形与文化 [M]. 常青，徐菁，李颖春，等译. 北京：中国建筑工业出版社，2007.

[12] 徐胜男. 郭缘生《述征记》佚文钩沉 [J]. 古籍整理研究学刊，2018（02）：52-60.

[13] 曹迎春，张玉坤. "中国传统村落"评选及分布探析 [J]. 建筑学报，2013（12）：44-49.

[14] 张东. 中原地区传统村落空间形态研究 [D]. 广州：华南理工大学，2015.

[15] 河北北京师范学院，中国科学院河北省分院语文研究所. 河北方言概况 [M]. 石家庄：河北人民出版社，1961.

[16] 谭立峰. 河北传统堡寨聚落演进机制研究 [D]. 天津：天津大学，2007.

[17] 河北省地方志编纂委员会. 河北省志·第67卷·民族志 [M]. 北京：民族出版社，1995.

[18] 冯志丰. 基于文化地理学的广州地区传统村落与民居研究 [D]. 广州：华南理工大学，2014.

[19] 刘邵权. 农村聚落生态研究——理论与实践：青年地理学家系列丛书 [M]. 北京：中国环境科学出版社，2006.

[20] 宋海瑜. 中国传统城市的时空分类——基于地域环境及其历史变迁对城市影响的研究 [D]. 广州：华南理工大学，2005.

[21] 金其铭. 农村聚落地理 [M]. 北京：科学出版社，1988.

[22]《井陉县交通志》编纂委员会. 井陉县交通志 [M]. 石家庄：河北人民出版社，2008.

[23] 班固. 汉书 [M]. 北京：中华书局，1962.

[24] 杨浩祥. 文化线路视野下井陉古道遗产保护研究 [D]. 重庆：重庆大学，2015.

[25] 王珺. 北京驿道沿线村落演变与空间形态特征研究——以延庆地区为例 [D]. 北京：北京建筑大学，2015.

[26] 陈旭. 井陉古驿道沿线村落空间演变及特征研究 [D]. 北京：北京建筑大学，2019.

[27] 河北省地方志编纂委员会. 河北省志·第39卷·交通志 [M]. 石家庄：河北人民出版社，1992.

[28] 孟繁峰. 曼葭及井陉的开通 [J]. 文物春秋，1992（S1）：35-55.

[29]《井陉县志》编纂委员会. 井陉县志 [M]. 北京：中国文史出版社，2011.

[30] 井陉矿区地方志编纂委员会. 石家庄市井陉矿区志 [M]. 北京：新华出版社，2007.

[31] 范晓. 太行山：高原向平原的转折很壮丽 [J]. 中国国家地理，2011（05）：

50–89.

[32] 河北省教育科学研究所. 河北乡土历史：初级中学补充教材［M］. 石家庄：河北人民出版社，1985.

[33] 曹树基. 中国移民史·第五卷·明时期［M］. 福州：福建人民出版社，1997.

[34] 葛剑雄. 中国移民史·第一卷·导论　大事年表［M］. 福州：福建人民出版社，1997.

[35] 王晓敏. 文化线路遗产视角下的太行山陉道研究［D］. 哈尔滨：黑龙江大学，2018.

[36] 张世涛，韩刚，张博. 战火纷飞滏口陉：太行八陉滏口陉地理志考［J］. 军事历史，2018（06）：77.

[37] 顾祖禹. 读史方舆纪要·五·河南　陕西：中国古代地理总志丛刊［M］. 北京：中华书局，2005.

[38] 郑辉，严耕，李飞. 曹魏时期邺城园林文化研究［J］. 北京林业大学学报（社会科学版），2012，11（02）：39–43.

[39] 王尚义. 刍议太行八陉及其历史变迁［J］. 地理研究，1997，16（01）：68–76.

[40] 邵思宇. 元阳哈尼梯田遗产区传统村落人居环境修复研究［D］. 南京：南京大学，2018.

[41] 国兆果. 明代保定府农业地理研究［D］. 合肥：安徽大学，2014.

[42] 保定市地方志编纂委员会. 保定市志：第一册［M］. 北京：方志出版社，1999.

[43] 潘学鹏. 华北平原主要作物遥感提取及时空变化研究［D］. 西宁：青海师范大学，2015.

[44] 安新县地方志办公室. 白洋淀志［M］. 北京：中国书店出版社，1996.

[45] 常利伟. 白洋淀湖群的演变研究［D］. 长春：东北师范大学，2014.

[46] 王永源. 白洋淀地区的水环境与乡村社会研究（1840—1937）［D］. 保定：河北大学，2018.

[47] 张敏，宫兆宁，赵文吉，等. 近30年来白洋淀湿地景观格局变化及其驱动机制 [J]. 生态学报，2016，36（15）：4780-4791.

[48] 严耕望. 唐代交通图考 [M]. 上海：上海古籍出版社，2007.

[49] 任建国. 建筑奇观——蔚县古村堡 [J]. 城乡建设，2017（17）：80-81.

[50] 河北省怀安县地方志编纂委员会. 怀安县志：河北省地方史志丛书 [M]. 北京：中国社会出版社，1994.

[51] 河北省怀来县地方志编纂委员会. 怀来县志 [M]. 北京：中国对外翻译出版公司，2001.

[52] 杨苗苗，孔敬，孙丽平. 蔚县传统村落堡寨空间的仪式路线研究 [J]. 中外建筑，2018（06）：93-95.

[53] 尹耕. 乡约·塞语 [M]. 上海：商务印书馆，1936.

[54] 刘文炯. 水中堡——明清时期蔚州村堡空间的结构转型 [D]. 北京：中央美术学院，2014.

[55] 王建革. 华北平原内聚型村落形成中的地理与社会影响因素 [J]. 历史地理，2000（16）：89-96.

[56] 杨柳，孙凤鸣. 河北蔚县古堡群落景观与乡土文化 [J]. 社会科学论坛，2018（06）：235-240.

[57] 孙瑞. 蔚县地区民用防御聚落空间形态特征研究 [D]. 北京：北京建筑大学，2018.

[58] 解丹，张碧影，毛伟娟. 明长城真保镇军事聚落体系形成与发展过程探究 [J]. 城市建筑，2017（17）：44-47.

[59] 中国人民政治协商会议河北省蔚县委员会文史资料征集委员会. 蔚县文史资料选辑：第一辑 [M]. 1986：84.

[60] 田惠，赵钢，梁瑞强. 河北省张家口市怀安县怀安城镇野生中药资源调查研究 [J]. 医学信息（上旬刊），2011，24（01）：365.

03

河北传统村落选址与整体布局

河北传统村落的选址与整体布局体现了人与自然的深刻互动。村落的选址优先考虑靠近自然、交通、经济资源；同时，十分警惕地规避各类天灾人祸。整体布局由自然与人文两大因素主导：自然因素决定了村落形态的有机走势，形成以山地、丘陵和平原水淀地貌为主导的布局类型；人文因素则在特定环境下起主导作用，村落在自然环境的基础上，呈现出以古陉驿道、军事防御和特色要素为主导的布局类型。

3.1　河北传统村落选址

在河北省700余公里的南北空间跨度中，传统村落分布在平原、丘陵、山地、草原、高原、湖泊、海滨等多元复杂的地貌环境之中。即使是同一类地形，不同地区的传统村落也表现出不同的营村方式。通过梳理省域内4个研究片区的村落选址特征，可以更加全面地总结出河北传统村落与自然互动的基本规律：善于应对多样的地形地貌；村落虽依赖、亲近水源，但更畏惧水患，因此择址时注意背山面水、居高；邻近良田、便于耕作；同时，村落也尽可能靠近周边的交通与经济资源，并在一定程度上受到历史文化要素的影响。

3.1.1　冀西南片区村落选址

冀西南片区传统村落样本的选址特征可以概括为：顺应山地丘陵走势，居高亲水而敬水；邻近驿道和古城，注重山洪排水。

1．井陉亚区

井陉亚区的传统村落均处于太行山区，因而在选址上遵循的主要原则是：顺应起伏地势，居高而重理水，邻近驿道和古城。

如核桃园村等形成较早的村落，其村落选址主要以自然环境因素作为重要考量。一方面，井陉地区干旱少雨且地下水不足，近水而居，有利于农业生产生活；另一方面，河流作为自然分隔要素，具备一定的防御功能，如天护、天长等古城的选址均靠近水量充沛的河道。但由于井陉大部分地区位于太行山东麓的迎风坡，夏季汛期来临时，山区降雨量大且雨势较急，故村落选址在河流上方地势相对较高处，以便及时排除集中的大量雨水，防止洪涝灾害发生。

后期随着驿道的发展，此类传统村落多作为驿铺，用于传递军情及供给物资。随着道路系统与邮驿制度的不断完善，驿道上的经济活动越发频繁，移民迁徙、文化交流开始产生作用，以经济利益为导向的服务型村落和以宗族礼教为核心的宗族型村落形成，对驿道进行反哺。故而，早期受到驿道经济、文化交流影响的村落，多集中于驿道周边500米的范围内。

除早期形成的村落外，井陉还有许多村落分布于平均海拔为250～500米的河谷、丘陵及盆地区域。它们基本上都是在修建驿道时形成。由于古时生产工具受限，驿道想要穿越山区通常会选择靠近河流、沟涧的路径，以充分利用其较为平缓的地形，再运用"背山面水"的堪舆学理论，使此类村落多位于山地区域的山谷地带或者邻近谷底的山坡向阳面半山腰区域。村落沿驿道方向延伸，在垂直于驿道走向的区域，依山体走势而建，空间形态多呈曲带式或集中式。

此外，在历史上县治所在地区域内，村落密度明显高于其他区域：首先，被设为县治的地点通常具有相对优良的自然环境条件；其次，城址集中优质的物质资源，对村落的发展具有促进作用；再者，城址一般在重要的交通线路上，人流量较大。

2. 邢台亚区

邢台亚区中地处太行山深山区的传统村落，受到起伏多变的地形影响，村落择址主要遵循顺应地势、注重排水的原则。顺应山势是因山区岩体褶皱所致，利于栖息的空间较少，必须充分利用地形高差，合理布局建筑与道路；因而，这类村落或隐于山间陡坡之上，或建于山麓缓坡之上。山地不易蓄水，雨季时节，骤降的雨水极易引发洪患。许多村落修建了贯穿全村的行洪水渠，以保村落安全。

邻近城镇、地势较为平缓的村落，则依照"背山面水"的传统，尤以村前有水的开阔地形为最佳选择。《水龙经》中提到："穴虽在山，祸福在水"。水被视作福之所倚，有水的地方土壤肥沃、气候宜人。在古代，受科技和生产力水平的局限，人类只能尽可能适应环境，努力创造人与自然和谐共生的生存状态。例如，皇寺镇皇寺村（图3-1），位于金玉河与银玉河之间，后向南坡发展。此地山环水绕，土壤肥沃，极利于农业发展。

3.1.2 冀南片区村落选址

可以将冀南片区传统村落样本的选址特征概括为：村落注重与邻近

图3-1 英谈村（邢台亚区）排水渠［a］、皇寺村（邢台亚区）金玉河及院落［b］

河流的互动以及水利设施的修建，尽可能背山面水、择上游而栖，善于处理与山地不同位置地形走势的关系，部分村落分布在古陉沿线。

1. 邯郸亚区

邯郸亚区地处太行山隆起与华北平原沉降带的交接部分，褶皱断裂较多，形成了复杂多变的地形地貌，自西向东大致可分为5级阶梯：西北部中山区、西部低山区、中部低山丘陵区、中部盆地区、东部洪积冲积平原区。区域内传统村落的选址特别注重与地势的结合，尤其是顺着坡地等高线逐层平整地形，顺势修建建筑群落。由于邯郸的气候属于暖温带大陆性季风气候，春季风沙扬尘大、空气干燥，冬季寒冷少雪。整个地区水资源并不丰富，降水量也不均衡。因而，村落的建筑院落坐北朝南，整体布局集中紧凑，将周边的场地开垦后，留作旱作种植之用，形成顺应山势和河流修建集村，围绕村落布局旱田的独特格局。邯郸亚区内主要的河流有滏阳河和洺河，属于海河水系，大多发源于西部山区，自西向东或东北方向流淌。东南主要为滏阳河流域，西北主要为洺河流域。诸如金村、北侯村等传统村落就分布在这些河流的沿线或支流旁。在山区的清漳河流域，宽谷地势平坦，又有丰富的水资源，形成了格局完整，且具有典型防御功能的太行山村寨。

2. 沙河亚区

沙河亚区紧邻邯郸亚区北部，属邢台市。该区域地势西高东低（地形中西部为太行山脉丘陵地带，东部则属于华北平原），山区、丘陵、平原各占1/3。相较于邢台市其他传统村落，沙河市的传统村落分布较为集中，基本都坐落在西部山区的"三川地带"。"三川"是沙河境内最主要的三条山川的统称；其中，最北边的称孔庄川，中部是渡口川

（又称禅房川），最南边的称柴关川（也称册井川）；三川地带整体呈西北-东南走势。

沙河亚区传统村落的择址与"三川"关系密切。概括来说，绝大多数村落分布在山垴、山坳、山沟、山麓地带，可谓将村落与山地的关系展现得淋漓尽致。和邯郸亚区相同，这里也是旱作农业类型区，村中院落亦为集中建设，然后将周边大面积的山地改造成梯田。其中，杜硇、陈硇、彭硇三村坐落在同一片山垴之上，修建的梯田跨度将近4公里，形成了极为壮观的农业景观。由于区域内缺少水量充沛的河流水系，邻近村落的河道、沟谷多已干涸为泄洪通道；因此，多数村落都会利用地势筑坝，修建多个水池，以供村民生活及灌溉使用。此外，还会在村落较为密集地区的附近修建水库，以保证村落有充足的水源。

3. 平山亚区

平山亚区算是冀南片区的一块"飞地"，虽同属晋语言区，它与邯郸亚区和沙河亚区并不接壤。平山县东部、南部紧邻获鹿镇（今石家庄市鹿泉区），北靠井陉县，西与山西五台县、孟县接壤。[1]平山亚区的传统村落数量是所有亚区中最少的，仅有大坪村、大庄村、黄安村和九里铺村4个传统村落。它们分布在太行山深山区，皆为旧时山西移民所建。因地形地貌限制，村落规模较小；且邻近的水系具有季节性，平时基流很少，汛期洪水暴发，河谷横溢，雨季过后河水又会干涸、断流。因此，村落选址时会谨慎处理聚居地与山水之间的远近关系。例如，大坪村、大庄村背山面水，择滹沱河上游而栖；九里铺村与其相距不远，也有支流穿村而过，支流向北流淌近5公里，汇入滹沱河；黄安村亦坐落在一条季节性河流旁。

3.1.3 冀中片区村落选址

冀中片区的地形地貌与村落的选址特征差异较大。平原地区的传统村落选址遵循近水源、近良田的原则。平原村落需要耕种并灌溉大面积的农田，靠近河流或人工水渠能为农业生产提供充足的水源，这一特点在国公营村和戎宫营村体现得淋漓尽致。

分布在山地和丘陵的传统村落，充分利用易于营建的空间环境，因地制宜地布置院落；同时重视对汛期洪水的疏导，组织水平和垂直交通；并充分利用对坡地的开垦，为村落开辟赖以生存的梯田。如骆驼湾村、岭南台村均处于深山区，均有一条汛期河道南北向穿过村落；村中院落依托地形，在北坡朝阳逐级分布，南坡则用于修建梯田；山水关系较为得当。

此外，对于坐落在白洋淀地区的传统村落而言，土地是相对稀缺的资源。如圈头村由东街、西街、桥东、桥西、桥南5个村小组组成。院落连片建设，几乎覆盖了村中全部的土地，与周边的芦苇田和水面形成了鲜明对比。

3.1.4 冀西北片区村落选址

冀西北片区传统村落样本的选址特征可以概括为：村落多分布在黄土地上，选择靠近水源的河川、台地、浅山山麓平缓地带作为营村场地。

1. 蔚县亚区

蔚县亚区的传统村落选址具有择高平、近水源、趋资源的总体特征。

蔚县中部河川地带地势平坦开阔、河流众多，地势较高的台地分布在这一区域两侧。这种特征鲜明的地形地貌，造就了区域内传统村落（村堡）的两种主要选址类型：河川与台地。河川为农业种植提供了充足的水源，土壤相对肥沃，在当时农业种植技术不发达的情况下，河川成为村落择址的首选。此外，该区域地形平坦，交通便捷，为村落发展提供了更为有利的外部条件。分布于台地的传统村落往往依托水流冲刷沟壑形成的高差构建防御体系，并在此基础上修建土堡墙，使村落形成完整闭合的内向性空间，从而具有较好的防御能力。尹耕的《乡约》中对于村堡的选址有着详细的记述："首曰堡置，其目有四。一依高，高者邱阜山陵之类也，城堡依之，利于设险。然高有宜依，亦有宜避。四面空阔，断岸壁立，则依；内卑外高，旁无俯临，则依；溪涧陡僻，兵难屯聚，则依；藉其利也。用半舍半，余方受敌，则避；高下数更，垣道阻碍，则避；土脉亢燥，汲水艰难，则避；远其害也。近时山寨易守，民堡多陷者，以山寨得所依。而正德间蔚陈家涧堡之破，则其堡半在高阜，半在平原。由前仰视，虚实莫藏，自高下射，屋瓦皆震，失所避也。"[2]即村堡在选址时尤为注重高起的台地与四周的沟壑，选址在防御中的重要性甚至高于营建堡墙。

2. 怀安–怀来亚区

怀安–怀来亚区的自然地貌主要为丘陵，亦有河川与山地。该地区传统村落的选址多位于浅山山麓较为平整的丘陵或河川地带。村落虽不直接临水，但基本处于洋河及其支流的流域范围内。相较于周边稍显贫瘠的环境，更利于生存栖息。怀安地区不少传统村落的选址并没有蔚县传统村落那么注重地形的防御属性，民居群落随地形而建，应地势而生。[3]由此，造就了具有当地特色的碹窑民居，在丘陵和山麓地带，沿着坡地走势，高低依偎、错落分布的景象。

3.2 河北传统村落整体布局类型划分

河北传统村落的整体布局，主要受自然与人文两大主导因素影响。自然因素是所有村落布局的决定因素，直接左右村落的形态特征，其统领下的传统村落布局走势较为有机，其整体布局形态可以分为山地地貌主导、丘陵地貌主导和平原水淀地貌主导三种类型。人文因素则在受历史、文化、军事、经济等生成环境影响的村落中发挥着更为优先的控制力。传统村落的布局走势在顺应自然环境的同时，具有明显的人为干预痕迹，整体布局形态包括古陉驿道主导、军事防御主导和特色要素主导三种类型（图3-2）。

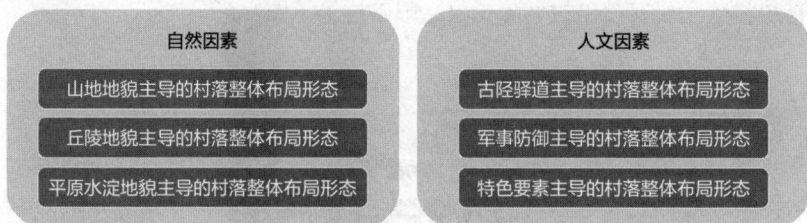

自然因素	人文因素
山地地貌主导的村落整体布局形态	古陉驿道主导的村落整体布局形态
丘陵地貌主导的村落整体布局形态	军事防御主导的村落整体布局形态
平原水淀地貌主导的村落整体布局形态	特色要素主导的村落整体布局形态

图3-2　河北传统村落整体布局类型划分

3.3 山地地貌主导的村落整体布局形态

传统村落整体布局形态受山地地貌主导的地区以沙河亚区为主，此外还有井陉亚区、邯郸亚区和平山亚区。此类传统村落根据所处山地部位的不同，又可细分为山垴缓升布局、山坳蜿蜒布局、山沟紧凑布局、山麓扩展布局和深山谷地随势布局5个村落类型。

3.3.1 山垴缓升布局

山垴缓升布局的村落在井陉亚区和沙河亚区均有分布。

井陉亚区一部分传统村落的命名方式遵循"宗族姓氏+选址"的模式，很容易从其名称中获得关键的地理、社会信息。位于天长镇的吴家垴村就是典型例子。"垴"在字典中的解释为山冈、丘陵较平的顶部（多用于地名）。吴家垴村位于晋冀两省交界处，坐落在丘陵平坦的山顶上。相传元末明初有一石姓人家到此居住，因村落坐南朝北，占据一个山垴，名曰石家垴。据村内石碑记载，在明嘉靖年间，山西洪洞县吴氏兄弟迁入后，人丁兴旺，石家人外迁，后改名吴家垴，并沿用至今。[4]村落选址考究，依山就势；北面与雪花山相望，南面开阔平坦，西面正对板桥山，东面紧邻大台垴山，形成"环抱有情，明堂开阔"之格局。村落顺地势自然错落，建筑沿纵横主街两侧布置（图3-3）。

将山垴缓升布局运用得最为极致的当属沙河亚区，此类传统村落坐落在太行山东麓褶皱带形成的渡口川山垴之上，四周峡谷环绕，民居依山势建造，高低有序、错落有致。村落地处山垴缓坡的中央，上下、左右均为梯田。有小路自山下修建，蜿蜒曲折，最终抵达村子海拔最低的区域。院落与周边梯田同样顺应等高线缓升布局，在平行于等高线的方向逐渐扩展，形态受山垴边缘沟谷的制约（图3-4）。山垴缓升布局的传统村落主要有杜硇村、陈硇村、彭硇村等（图3-5）。

图3-3 吴家垴村（井陉亚区）整体布局

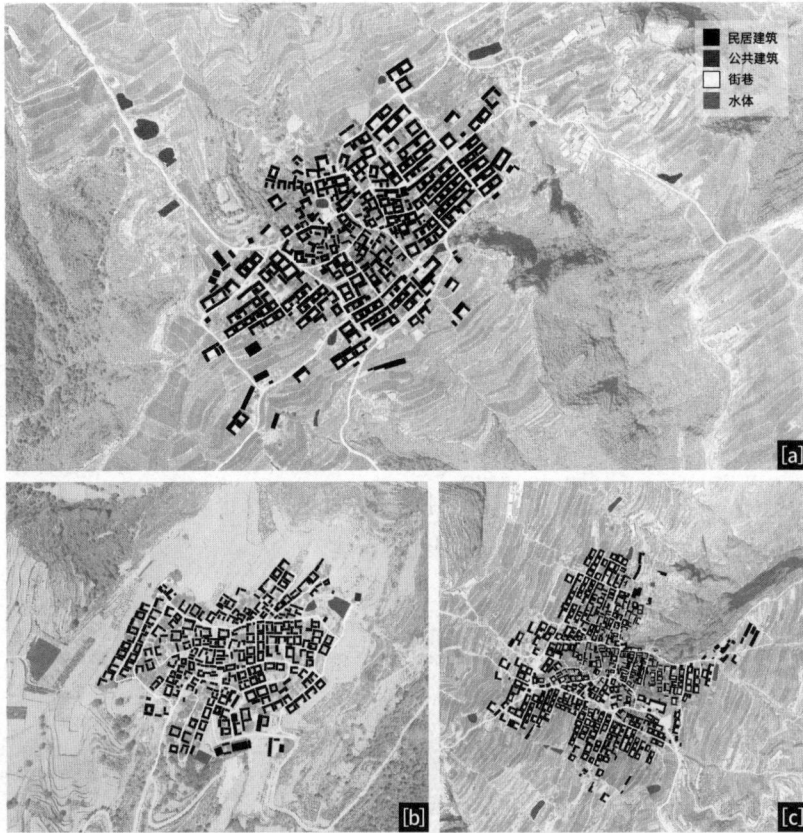

图3-4 陈硇村 [a]、王硇村 [b]、彭硇村 [c]（沙河亚区）整体布局

图3-5 杜硇村 [a]、陈硇村 [b]、彭硇村 [c]（沙河亚区）以及三个村子的鸟瞰 [d]

3.3.2 山坳蜿蜒布局

坐落在沙河亚区孔庄川一带的渐凹村是山坳蜿蜒布局的代表（图3-6）。明永乐年间，山西洪洞侯、胡、李姓移民来到此地，开垦建立了侯家庄。但由于村子所在的山地水源匮乏，所以村民将村子迁移到山下凹有渐水（由山上徐徐流淌而下的水）的地方。于是，村落便更名为"渐水凹"，后简称"渐凹"，这一过程生动地诠释了村落的布局特征。

汲水来自村中自上而下缓缓流至村前池塘的溪水，山坳的东西两端分别是高地"烙铁尖"和大片的山垴梯田。民居院落多数坐北朝南建于向阳的山坡上，周围峡谷沟壑交错，有着不小的高差。沿着进村的道路望去，村落层层叠叠立于山间，被称为"太行深山中的布达拉宫"（图3-7）。[5]与山垴缓升布局的村落一样，渐凹村也修建有多处蓄水池和6口古井。民居就地取材，使用红石修建。

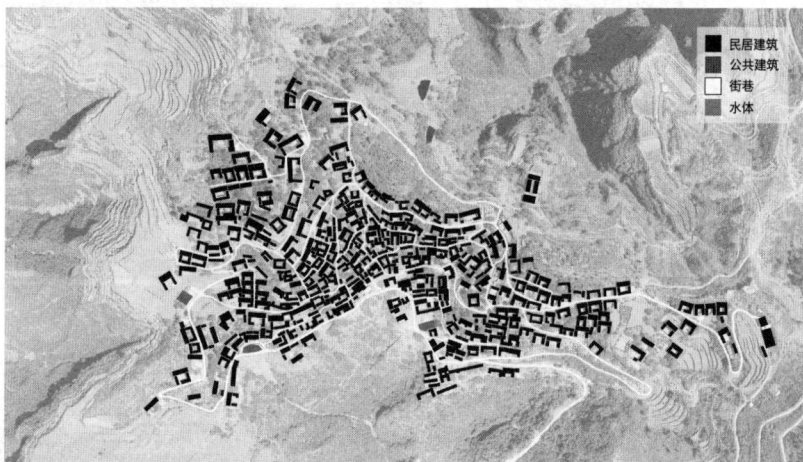

图3-6 渐凹村（沙河亚区）整体布局

图3-7 渐凹村（沙河亚区）鸟瞰

3.3.3 山沟紧凑布局

山沟紧凑布局的村落主要分布在沙河亚区，因山沟空间较为局促，身处其中的村落往往布局紧凑、规模较小。山沟通常起到汇水的作用，村落紧邻沟底的汇水河道，向坡上生长，以避免雨季突来的山洪造成破坏。与此同时，山沟集水的优势也为这些村落修建水池、水库等水利设施带来了极大的便利。山沟紧凑布局的村落主要有石门沟村、西沟村、绿水池村、北盆水村等（图3-8）。

例如石门沟村，村南山腰间有一个数米深的石洞（现名佛祖洞），其洞口恰似一个巨大石门，石门之下是一条草木茂盛、浓荫蔽日的山沟，故将村子命名为"石门沟"。村落地势西高东西，院落抱团集中布局。明清时期，建筑分布在村子中央，后逐渐向外围拓展。山沟从村子的东北方向穿过，夏秋季节偶遇降雨，四面山坡上的雨水在此汇聚成小溪。[6]又如北盆水村，该村为王硇村族人迁居而成。因坐落在马河上游形似盆地的山沟中，且有溪水从村落南边流过，遂称"北盆水"。北盆水村院落自北山坡沿等高线层层向东南延伸，街道顺应地势联系各个院落。

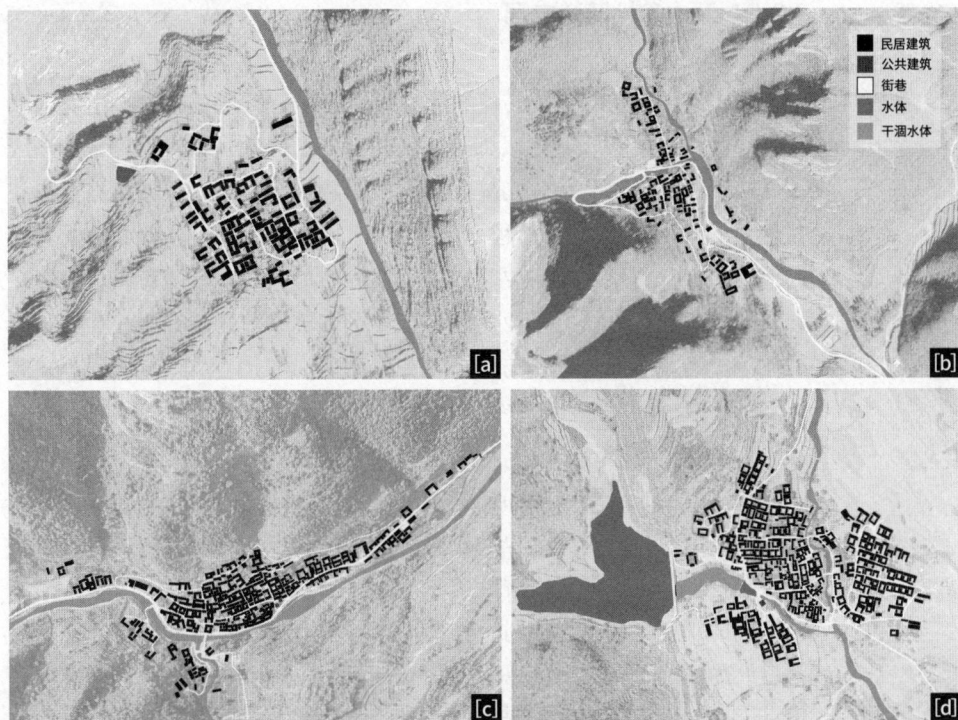

图3-8 石门沟村［a］、西沟村［b］、绿水池村［c］、北盆水村［d］（沙河亚区）整体布局

3.3.4　山麓扩展布局

山麓是构成山地的三大要素之一，特指山坡和周遭平地的过渡地带。山麓布局的村落具有鲜明的方向性，此类传统村落多背靠山体、面向丘陵平缓地带，沿着等高线逐层向外扩展。地形坡度由大到小变化显著，等高线也呈现出由密到疏的趋势。因而村落背后的山体多种植经济林，村前缓坡梯田种植旱作作物。山麓扩展布局的村落主要有沙河亚区的安河村、白庄村、通元井村等（图3-9）。

安河村充分展现了此类村落单向扩展的特征，村落背靠西北方山体，由多个姓氏的小村合成现在的大村。一条河沟从村中穿过，向东南方向延伸。河沟两侧是村落的老街，明清时期，村落整体呈正方形布局。随着人口的增长，到近现代村落围绕老村逐渐扩展；尤其是近30年，发展速度达到巅峰，大量院落顺地势在老村东南方向修建，其肌理也更加规整（图3-10）。安河村建有大小庙宇11座；其中，龙神庙、圣母庙等建于老村南侧大水塘边，观音庙建于老村西部，土地庙位于老村中部。[7]村落北、南、东三个方向是大片梯田。

3.3.5　深山谷地随势布局

深山谷地随势布局的传统村落在邯郸亚区、井陉亚区、平山亚区和冀中片区均有分布，其中以邯郸亚区西部低山区的村落最为典型。该区域属断块构造低山类型，山体破碎，较为陡峭，地面沟谷纵横，宽谷和盆地分布于其间，相对高程一般为200～400米。[8]由于地处曲折多变的地貌之中，传统村落主要呈现长谷线性布局、阔谷行列布局、多谷交会布局三类；此外，井陉亚区、平山亚区和冀中片区还有河谷顺势布局的村落类型，其布局形态与水环境关系密切。

1. 长谷线性布局

顾名思义，长谷线性布局是指沿着狭长且陡峭的沟谷布局的村落。谷底为贯穿全村的道路，也是村落对外联系的唯一通道。村民自道路两侧修建台地，逐层向上设置院落。

如邯郸亚区的王金庄村，整个村落顺着山谷东西绵延近两公里。村落南北两面分别是南坡山和北坡山，建设止于半山腰，往上是旱作梯田。又如同属邯郸亚区的宋家村，村落所在的山谷较为曲折，谷中有清漳河上游支流的古河道（今为汛期泄洪渠），河道呈弓字形，老村坐落

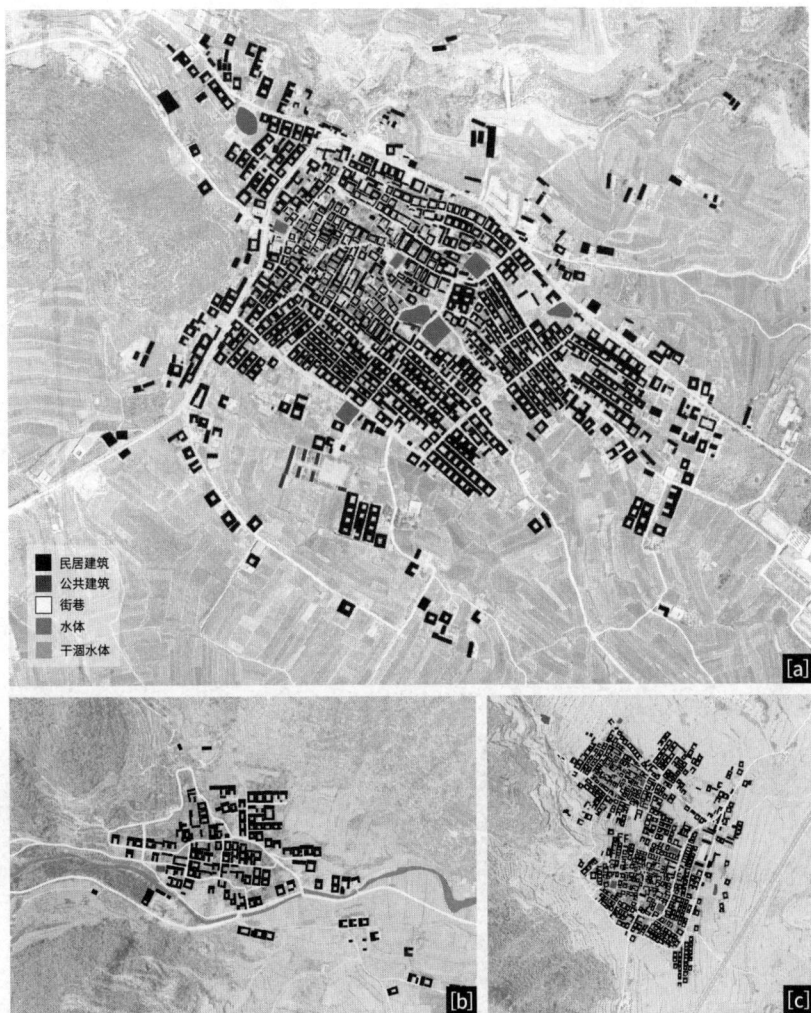

图3-9 安河村［a］、白庄村［b］、通元井村［c］（沙河亚区）整体布局

图3-10 安河村清代［a］、近代［b］、当代［c］肌理变迁
（图片来源：广州博厦建筑设计研究院有限公司. 沙河市柴关乡安河村传统村落保护发展规划［Z］. 2017.）

在河道环绕的中部，背山面河、自南向北逐级抬升（图3-11）。[9]

2. 阔谷行列布局

阔谷行列布局的村落主要有固新村和原曲村（图3-12），其突出特征为自然山水环境优越，农田、梯田景观丰富多样，格局规整，是太行山区堡寨式村落的代表。这两座传统村落南北相邻，西靠山脉，邻近清漳河。村西侧修筑有层层梯田，村东侧耕种有大片农田，除了邯郸地区普遍性的小麦、玉米等旱作作物外，还较为罕见地种植了水稻。

正因为自然资源较为优渥，又是山区中难得的平坦开阔场地（图3-13），两村不仅规模较大，而且都有着较高的营村形制。村落由城堡式券门围合出清晰的边界；建筑组群以贯穿南北的中街为轴线，向东西方向呈行列式布局；历史上均具有良好的防御属性。

水是这两个村落的命脉，固新村早期的寺庙、道观等建筑便是依泉而建。明万历年间修建"永惠渠"，通过村北的石河引入清漳河水，途

图例：
- 民居建筑
- 公共建筑
- 街巷
- 水体
- 干涸水体

图3-11 王金庄村 [a]、宋家村 [b]（邯郸亚区）整体布局

经村中的主要街巷，呈"一主、两次、数支"的脉络分布，最终流入南侧的古水池。[10]这样的水渠体系不仅可用于灌溉、饮用和美化环境，也是古代重要的消防系统，这在北方古村镇中是颇为罕见的。原曲村的命名也是来源于水，因清漳河沿该村弯曲流过，古代称"源曲"，随着时代变迁，才逐渐将"源"改为"原"。

3. 多谷交会布局

多谷交会布局的村落坐落在多条山谷的交会地带，山谷底部通

图3-12 固新村[a]、原曲村[b]（邯郸亚区）整体布局

图3-13 固新村（邯郸亚区）山水格局鸟瞰

常是干涸的河道，起到雨季泄洪的作用。由于沟谷纵横交织且坡度较大，此类村落的建设亦是自下而上，顺应等高线逐层修建，并沿着山谷走势，向两端延伸。建设规模略小于阔谷行列布局的村落，往往会形成"八山、半水、分半田"的地域特色。多谷交会布局的传统村落主要有邯郸亚区的安子岭村、岭底村、北岔口村、北王庄村、南王庄村等（图3-14）。

其中，安子岭村始建于明洪武年间，吴氏族人开荒至此，依托西北侧山岭遮挡冬季寒风，以水塘为中心营建村落，修筑梯田。后村落规模逐渐扩大，以水口为轴线，逐步在西南侧缓坡上修建新的石头院落。清代，村落人口进一步增加，开始在谷底河流北岸修建北庄。北庄的院落保持传统格局，顺山体走势向东西两侧不断扩张。

又如岭底村，村落选址于凤凰山麓的河谷之中，村落由三个相对完整的大院组成。其中，郝家大院和赵家大院位于河道北侧坡地，李家大

图3-14 安子岭村 [a]、岭底村 [b]、南王庄村 [c]（邯郸亚区）整体布局

院位于河道南侧南北走向的山谷之中，互成犄角之势。[11]村中其他院
落沿河道呈带状分布，最终形成人字形总体空间布局。

4．河谷顺势布局

除邯郸亚区之外，井陉亚区、平山亚区和冀中片区中河谷顺势布局
的村落也具有一定的特色。井陉亚区中的此类村落位于太行山东麓的山
谷中，遵循村落选址"背山面水、向阳"的基本原则。村落最低处紧邻
曲折蜿蜒的河道，民居建筑沿着坡地等高线逐层向上排列，村落呈扇
形、团形的整体布局形态。采用此类布局方式的井陉亚区传统村落主要
有小梁江村、大梁江村、吕家村等（图3-15）。

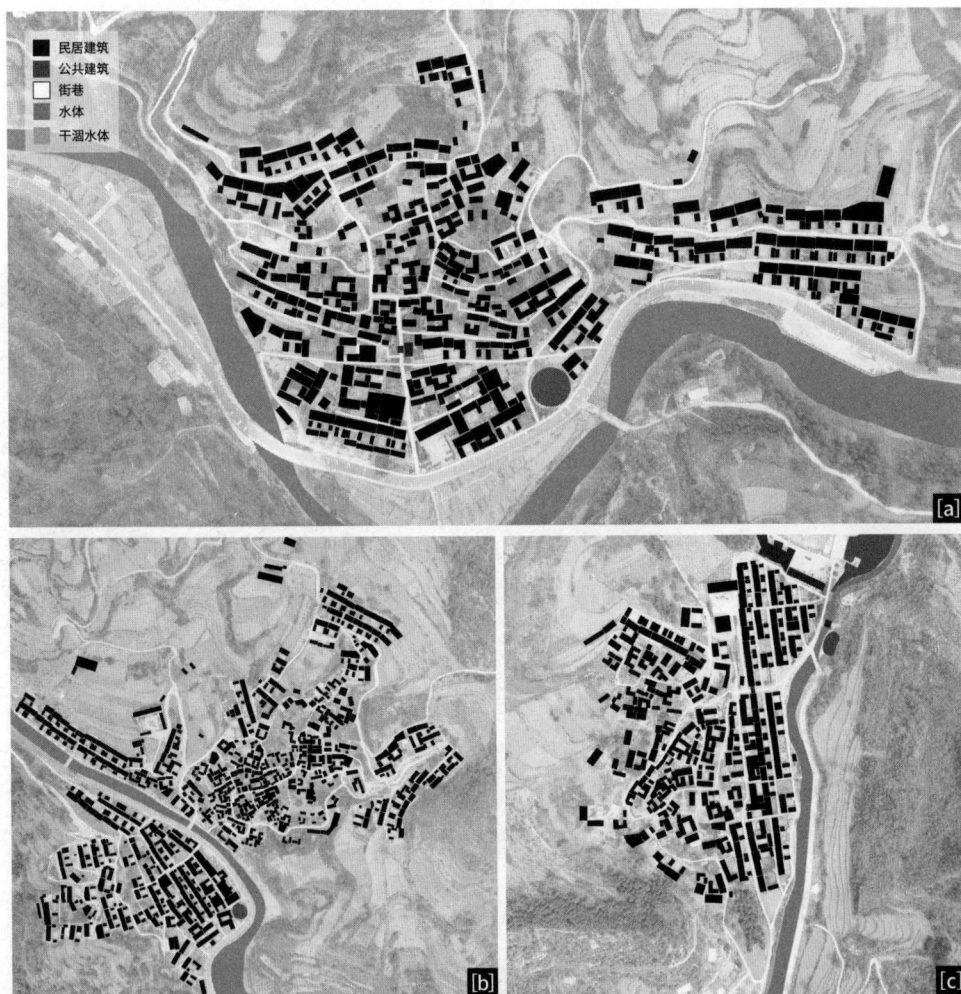

图3-15　小梁江村［a］、大梁江村［b］、吕家村［c］（井陉亚区）整体布局

以大梁江村为例，其位于井陉县西部，坐落在冀晋两省交界的太行山腹地，始建于元末明初，是以宗族为纽带的家族型聚落。村落四面环山，整体呈四周高、中间低的态势，县道及泄洪用的故河道将新村与老村一分为二。老村背靠山脉，面朝南面洼地，由西南向东北逐渐抬升，呈易守难攻之势。在村内可借助较高地势观察村外情况，能够有效防御土匪和野兽，极大地提高了村落的防御能力。[12]进村的唯一通道随山势逐级而上，并在村落内部逐一将民居组团串联起来。但由于山区地形崎岖，村落街巷错综复杂，民居建筑注重结合地形，分布紧凑，布局自由。为了提高生产效率，村民将较平坦肥沃的土地留作农田，在村落周围沿等高线分层修筑了旱作梯田，每层高度为20～80厘米，边缘用石头夯实，依据地势走向形成曲带状。[13]正如村中龙王庙碑记所载："其山重冈叠嶂，丰草乔林，山明水秀"。村落整体形成了以太行山山脉为背景，以民居为主体，以梯田为景观的紧凑型空间布局。

平山亚区的传统村落与河流联系紧密，其整体格局均为沿河顺势布局，具体形态随河流和山地走势而有所变化。村落主体分布在河道一侧，院落顺应河道走势层层向上分布，农田在邻河区域和平缓的村后山坡地带包裹着村落。

如滹沱河畔的大坪村，为山西洪洞县张姓移民于明嘉靖年间来此所建。村落呈平行于河道的带状，院落多为两进四合院，梯田位于村子西南面的坡地上，周边高山环抱。[14]又如黄安村，村落一面靠山，三面邻河，有一条季节性河流自西向东绕村而过。村中明清时期的建筑主要分布在村中央东西走向的主街两侧。随着村落占地不断扩大，民居建筑逐渐填满整片区域，呈现阶梯上升的月牙形布局。[15]村落背靠的天柱山上修有梯田，并利用流水冲刷积聚的淤泥修建了村南邻河的大片梯田（图3-16）。九里铺村的布局则略有不同，村落位于一条干涸的河道西

图3-16　大坪村［a］、黄安村［b］（平山亚区）整体布局

侧，由于地处两座山岭，整体分为东、西两个片区（图3-17）。[16] 两个片区的院落分别沿各自所处的坡地，呈多层次带状布局，两片带状区域垂直相接，中间的主路旁分布着戏台、庙宇、磨坊等公共建筑。

冀中片区的山地村落的规模普遍较小，院落数量往往只有几十座，选址在相对易于建设的山谷之中，顺应等高线布局。如果遇到山谷汇水产生的河沟，村落会选择在其一侧高地建设，以免受到夏季山洪的威胁。村落总体呈团形，其中民居朝向因坡线走向各异而不同，较少出现特别规整的行列肌理。代表性村落有刘家庄村、岭南台村、骆驼湾村、朱家庵村等（图3-18）。

刘家庄村位于群山环抱的山间盆地底部，村中为数不多的院落散布于山坳之中或山坡之上，与环境融为一体。院落间的平坦区域有柿子林，坡上为梯田。深山区土地有限，梯田面积较少，人均仅有一亩耕地，以玉米、小麦等为主要的粮食作物。

岭南台村是距离北京最近的河北传统村落，原名吴家寨，建于金末元初。吴家寨与北京门头沟区清水镇天河水村接壤，两村相接处有一座山称黄潭岭，吴家寨人在黄潭岭以南的高台上修建房屋，进村需登180多级台阶，岭南台村便由此得名。该村同样坐落在四面环山的谷地之中，绵延起伏的群山俨然是村子的天然屏障。村南一条干涸的河道在谷底延展，一条主街平行于河道且略带曲折地穿村而过，成为整体布局的主轴线，将全村的建筑群落串联起来。许多条疏密有致的巷道由主街向两侧延伸，它们既是民居院落的入户通道，又可将各区域内的雨水利用地势进一步汇集，形成有机且不失秩序的布局肌理。[17]

图例：
■ 民居建筑
■ 公共建筑
□ 街巷
■ 干涸水体

图3-17　九里铺村（平山亚区）整体布局

图3-18 刘家庄村［a］、岭南台村［b］（冀中片区）整体布局

3.4 丘陵地貌主导的村落整体布局形态

传统村落整体布局形态受丘陵地貌主导的地区有井陉亚区、邢台亚区、邯郸亚区和沙河亚区和怀安-怀来亚区。此类传统村落根据其不同的布局特征，又可细分为平缓丘陵延展布局和丘陵谷地有机布局两大类。

3.4.1 平缓丘陵延展布局

平缓丘陵延展布局的传统村落主要分布在邯郸亚区的西北部中山区、西部低山区、中部低山丘陵区，其地形相对平缓，但有一定的起伏。这些村落整体规模较大，历经百余年发展，不断向四周延展。根据村落所处的地貌特征，呈现为下述两种布局类型。此外，还有少量此类布局的村落分布在沙河亚区的山麓丘陵地带。

1．有机向阵列转变的扩展布局

这类传统村落所分布的地区具有鲜明的大地印迹；最初沿河道或深沟两侧有机生长，随着岁月变迁，沟壑阻碍了村落的进一步扩张，转而向四周持续阵列扩展；是一种可以清晰分辨出历史肌理与近现代痕迹的布局形式。此类布局的村落有老鸦峪村（1962年后，该村以河道为界，分成了东、西老鸦峪两个村落）、白府村、黄粟山村、北贾璧村等（图3-19）。

由山西洪洞县移民王氏三兄妹于明洪武二年（1369年）建立的老鸦

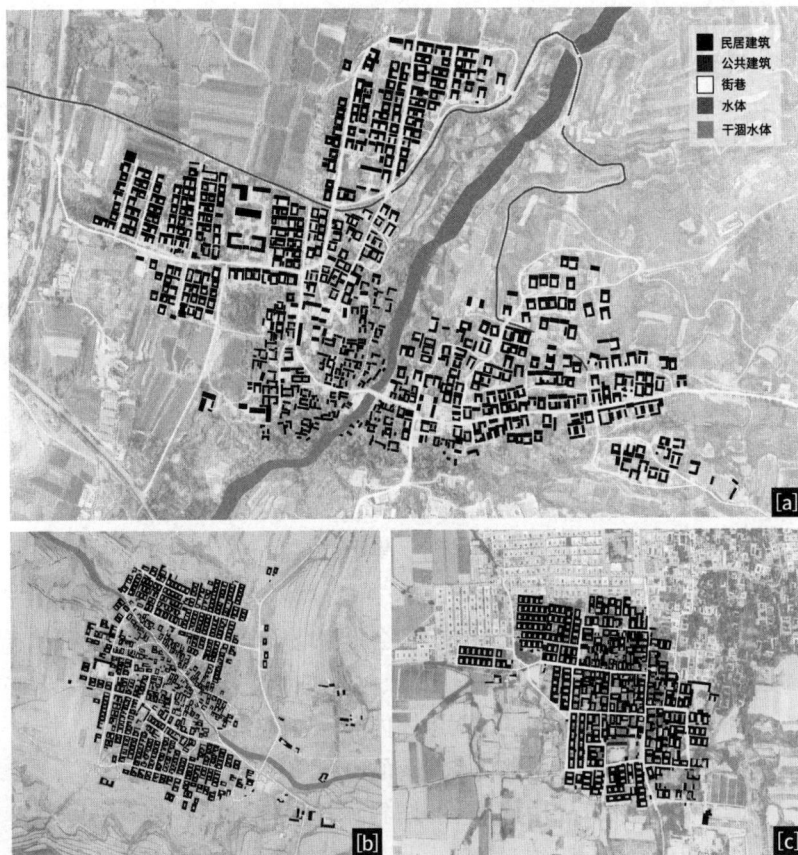

图3-19 老鸦峪村 [a]、白府村 [b]、黄粟山村 [c]（邯郸亚区）整体布局

峪村，地处丘陵腹地，俗称"老凹峪"。山沟中溪水清澈，村民便在两岸营建民居。加之村落周围山林茂密，常有乌鸦栖息，于是村名便渐渐演变成了"老鸦峪"。随着村中人口不断增长，老村所在的区域不足以满足未来发展的需要，村民便在河沟外围修建阵列布局的新村，分化出东老鸦峪和西老鸦峪两个村落，村落布局也完成了从有机向阵列的转变。另一处由山西移民建立的村落——白府村，也保留着类似的肌理。白府村主要由南场、北场和当街三个区域组成。其中，当街为历史遗留下来的老街，原本是一条深沟，自西北向东南贯穿，两侧的大量民居建筑有着近200年的历史。因为深沟影响村民往来，逐渐被填埋，成为村中的主街。步行于其中，可以清晰地发现当街与街边建筑存在明显的高差，二者由台阶或缓坡连接。在老建筑外围，新的合院居住组团以阵列布局形态向外扩展，最终形成现在整体为矩形、中间有历史街道斜插的村落形态。

2．持续阵列扩展布局

持续阵列扩展布局的村落，所处地形虽有起伏，但没有自然沟壑在村落中心产生阻隔，村落更加规整、庞大，属于邯郸亚区典型的中大型村落。

该类型村中院落坐北朝南，30～50座院落构成一个组团。组团并非严格意义上的矩形，会根据地势的变化有所调整。由于丘陵地带的曲折地貌，村落边界的扩张通常止于较为陡峭的高差处，或者重要的农田旁，整个村落呈现出内部规整、边缘有机的形态。比较具有代表性的村落有岗西村、李岗西村、什里店村等（图3-20）。

岗西村坐落在太行山山前地带，村落地势西高东低，北方环山、南方开阔。村落随坡就势而建，老村位于全村的中央，传统民居格局规整，院落排列讲究。村落扩展以东向和南向为主，院落成组成片沿着新建道路向外生长、渗透。从元代发展至今，占地已达500余亩。

沙河亚区的此类村落有册井村、樊下曹村和上申庄村等几处。此类传统村落的整体布局与邯郸亚区的同类型村落在特征上并无显著差异：布局模式都是院落基本坐北朝南，但会根据地形走势有小角度的偏转，并按一定规模成片分布。村落刚形成时，边界较为规整，随着人口增长，院落增多。虽然新增的民居组团内部行列整齐，但是向四周生长的规模、程度各不相同，最终使得村落的边界形态趋于有机。

册井村位于太行山的东麓山地与丘陵的过渡带上，扼"三川"之口，地形起伏、缓丘连绵，马河由北至南绕村而过。因自然环境良好、地理位置重要，册井村发展为沙河市西部的第一大村，面积达到了9000亩。村落修建有4座石拱门，称为桥门，分别坐落于村子的东、南、

图3-20　岗西村 [a]、李岗西村 [b]（邯郸亚区）整体布局

西、北4个方向，界定出了明清时期老村的大致范围。老村东南角挖有护村河，防御特征明显；新村则在老村外围不断蔓延（图3-21）。[18]

樊下曹村老村东、西、南、北4个方向的街口原本都修建有两层高的阁门。在过去，阁的第二层为神庙，现在仅有东、北两处阁门保存下来。[5]村落道路网络规整，院落均坐北朝南。上申庄村由于村南、西、东三面都为沟堑，所以村落呈带状由南向北生长，院落布局整齐划一，街巷肌理清晰（图3-22）。

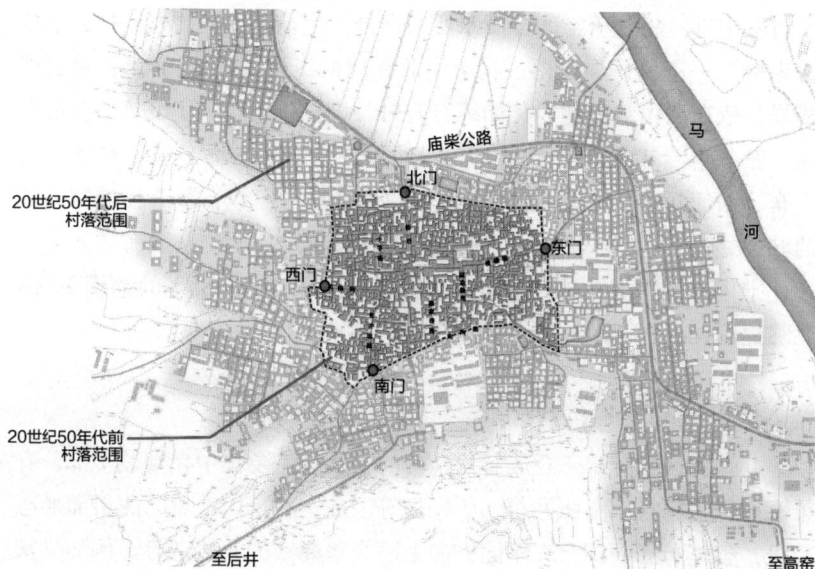

图3-21　册井村（沙河亚区）整体布局

（图片来源：河北信达城乡规划设计院有限公司．沙河市册井乡册井村传统村落保护发展规划[Z]. 2017.）

图3-22　樊下曹村［a］、上申庄村［b］（沙河亚区）整体布局

3.4.2 丘陵谷地有机布局

此类传统村落根据其所处地域地貌特征的不同，又呈现出沟壑毛细生长布局、起伏多变生长布局和平缓舒展生长布局三种形态。

1. 沟壑毛细生长布局

"沟"字体现了村落线性分布在狭长的丘陵沟壑中，"毛细"则体现了零散与渗透的院落生长状态。例如邢台亚区的茶旧沟村，南北街道处于村落中部，将村落空间分成东西两部分。宅前路如同须根一样，连接着末端的一座座民居院落。村落南北方向的纵深大约为500米，循自然格局，依东西山势而建。又如嶂石岩村，该村位于石家庄市赞皇县最南端，紧邻邢台市内丘县，是嶂石岩地貌的发现地与命名地。村落由石人寨、西家坪、西格台庄与北坡地等7个自然村组成，散落在峭壁巍峨的峡谷之中。[19]村落在沟谷中顺地势有机布局，两侧是素有"万丈红绫，十里赤壁"之称的"嶂岩三叠"（3层高达100~150米的绝壁），南北绵延近10公里（图3-23）。[14]

2. 起伏多变生长布局

井陉亚区中分布于丘陵起伏地带的村落，主要集中在县域中部，有梁家村、狼窝村、南张井村、于家村等。此类村落因地貌的曲折而形态有机，整体布局往往会在不同方向上贴合等高线的弯曲走势。例如梁家村，有一条垂直于等高线的主街联系山地上下位置的院落，次街从主街向两侧延展成扇形。狼窝村的主街沿等高线排布，与次街一起形成大小

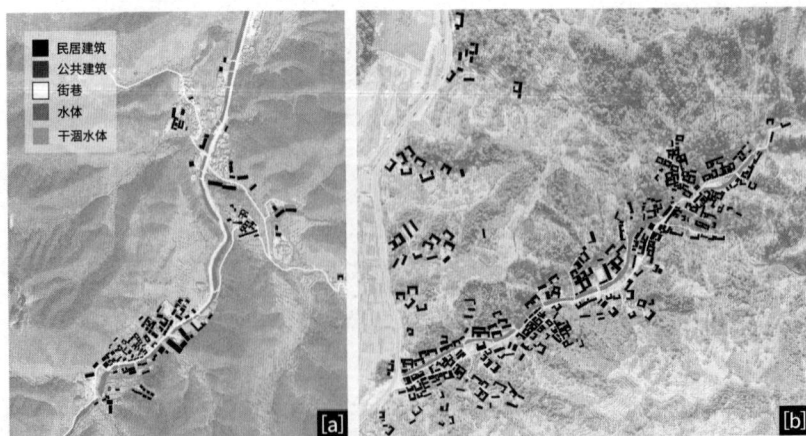

图3-23 嶂石岩村 [a]、鱼林沟村 [b]（邢台亚区）整体布局

不等的回环，进而使得村落的整体布局形态趋于团形。再如于家村，由数条平行于等高线的主街组织村落形态，次街起到连接不同高程层级的作用。这种情况下的村落形态会沿着等高线向两侧延展，形成翼状。当等高线走势较为曲折的时候，村落形态也会随之变得不那么清晰明朗（图3-24）。

冀中片区的北康关村（图3-25）是一处规模较大的丘陵村落，据光绪年间的《重修杜康朝真观记》碑文记载："康关之村，实因杜康名，由来久矣"。传说这里曾是夏朝第六代君主"少康"（即国人尊崇的酒圣杜康）中兴复国的发祥地，现在还保留有杜康泉和杜康塔遗址。老村分布在中央南北长约350米、东西宽约200米的不规则梯形范围内，历史上是一座城堡型村落。不同于其他城堡，康关村的围墙是由外围民居连绵的高墙相互衔接而成，除了东、西、南、北4座重檐门楼的正门之外（仅东门遗址尚存），西南角还有一座别出心裁的角门，此门是通往城堡内杜康朝真观的外山门。因为地形起伏多变，院落大多以10座为一组有机布局。村中除了建筑墙体为石砌，还分布着大量的石碾、石盆、石渡槽，是典型的石头山村。北康关村在清至民国，还居住着"完县（今河北省

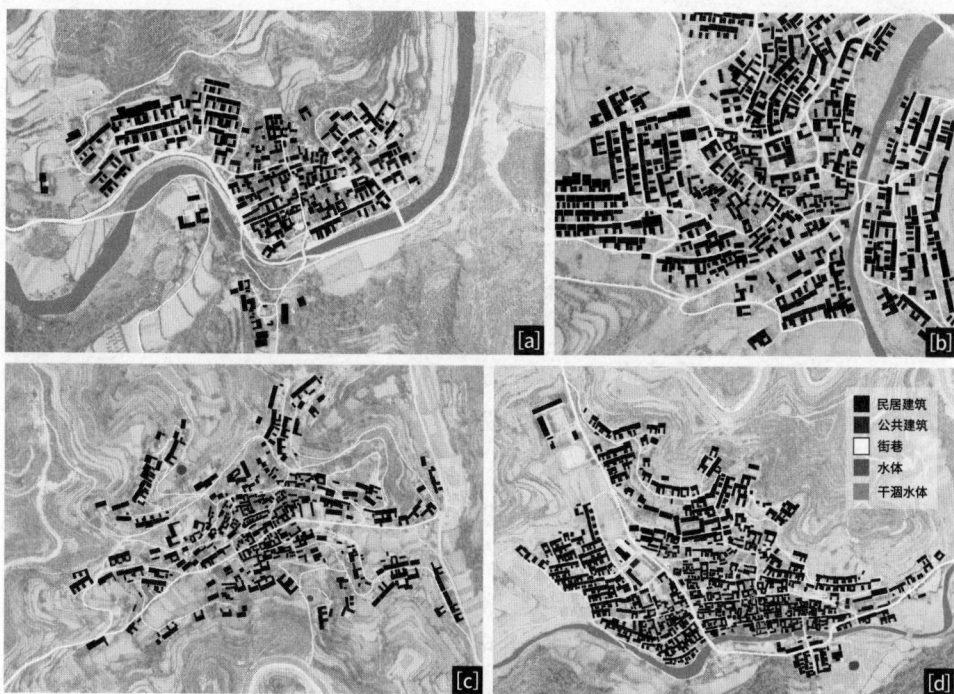

图3-24 梁家村 [a]、狼窝村 [b]、南张井村 [c]、于家村 [d]（井陉亚区）整体布局

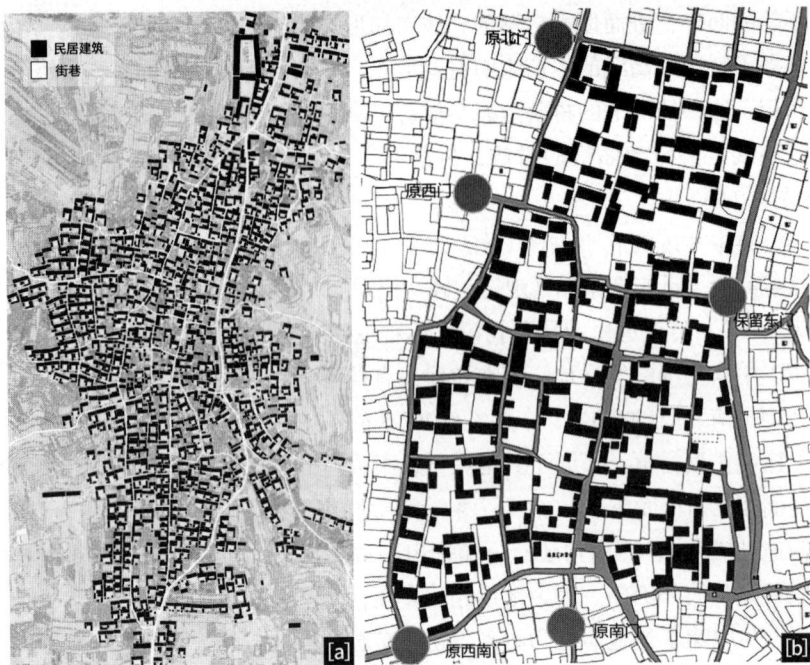

图3-25　北康关村（冀中片区）整体［a］及老村［b］布局

顺平县）八大家"中的高家，属于比较富庶的村子。规模宏大的古刹玉泉寺被毁于民国时期。2009年，在凤凰山原有古寺玉泉寺的寺址上重建寺院，并更名为"佛光寺"，使村落得到了更快的发展。在老村的东、南、西、北4个方向上，几乎都发展出与老村面积相仿的新村组团。与老村现存院落类似，新村院落也多为一合院和三合院，四合院较为稀少。

3. 平缓舒展生长布局

此类村落位于丘陵山谷中较为宽阔的地带，村落从谷中河道旁向坡地修建院落，并利用山坡开垦梯田。因地形相对平缓且空间充足，村落布局更集中、规模更大。行列式布局会随着地势的起伏而有机偏转、延伸，并与周边地形相互渗透。最为典型的是邢台亚区的桃树坪村，它位于太行山中部路罗川上游谷地，村西为晋冀交界处的太行山主峰，峰下是具有嶂石岩地貌特色的红色石英砂岩陡崖。村落坐北朝南，依缓坡修建；坡下为已干涸的河道，采光良好且有东西向通风优势。村落中的民居均采用大块红石砌筑，并铺设红石板坡顶，与村后的陡崖相互呼应，可谓嶂石岩地貌村落的代表，辨识度极高（图3-26）。[20]

冀中片区和家庄村为依山脚而建的带状村落，是抗日战争时期晋察冀军区司令部驻地，贺龙、吕正操、杨成武、罗瑞卿等都曾在此居住。村中的历史建筑较为集中地分布在中心位置；新建的院落先是在老村的东西两侧坡度平缓的区域修建；当空间不足时，便逐渐沿着垂直于老村的丘陵，向北渗透，形成了现在如同梳子状的独特肌理（图3-27）。

坐落在怀安地区丘陵山麓逐级抬升的多级台地上的村落，顺沿坡度走势由高向低延展，形成带状有机布局。此类传统村落并未像相邻的蔚县亚区村落那样修建堡墙、堡门，以保障村落的安全，村落空间开敞空

图3-26　桃树坪村（邢台亚区）整体布局

图3-27　和家庄村（冀中片区）整体布局

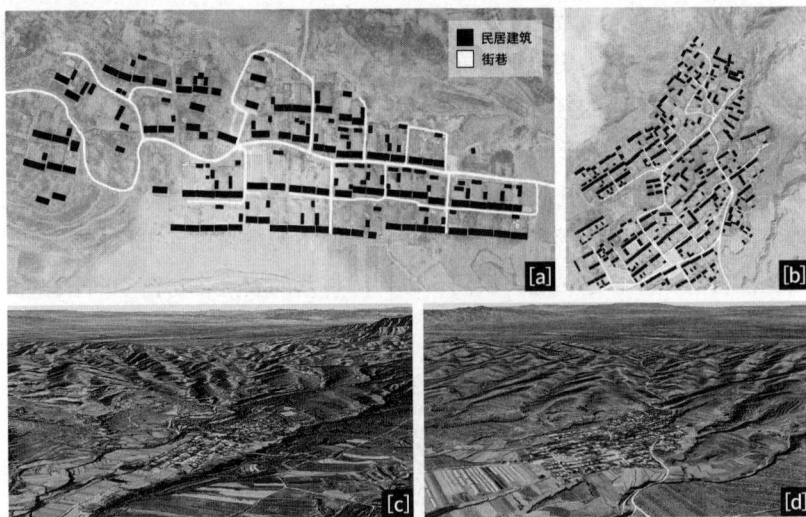

图3-28　朱家庄村［a、c］、段家庄村［b、d］（怀安–怀来亚区）整体布局与大地格局

旷。以朱家庄村为例，村落建成于清代，相较于冀西北片区其他的传统村落，建成时间较晚。起初，村民迫于战争，迁徙至此安家落户。后怀安地区的游牧民族不再构成显著威胁，因而村落布局变得更加顺应地势，呈线性延展形态。此类型村落沿主街由高向低生长，民居院落顺应等高线，在主街两侧分布，呈曲带状（图3-28）。

3.5　平原水淀地貌主导的村落整体布局形态

传统村落整体布局形态受平原、水淀地貌主导的地区以冀中片区为主，在河北省各类型传统村落中具有鲜明的差异性。该类村落根据所处地形的不同，又可细分为平原行列布局和淀中密集布局两类。

3.5.1　平原行列布局

分布在冀中片区海河平原上的传统村落，总体呈现出规模巨大、格局方正的布局特征。因为地形平坦、易于建设，此类布局的村落，院落均采用坐北朝南的行列布局，以三合院居多。这些村落大多成村较早，历史久远。正因地处交通便利、经济相对发达的地区，村落的发展速度较快，成片的新建院落组团不断产生，使其内部肌理并非整齐贯通，而是由大小、形状不等的组团构成，组团内部院落的行列布局较为整齐。此类传统村落的规模尺度相仿，彼此间距离较近，通常为1～3公里，村落间是平整的农田，形成了"大片村落、大片田"的乡土景观。此类村落主要有南腰山村、国公营村等（图3-29）。

快速城镇化对村落传统风貌的冲击在平原村落中体现得尤为显著，随着老旧建筑翻新、新村包裹建设，旧村的格局肌理逐渐消失。但是村落形成时曾产生重要影响的历史文化要素，仍能够对当下的村落布局产生影响。这一点在南腰山村体现得尤为明显，该村始建于明代，清代时王锡衮受封，在南腰山跑马圈地，修建王氏庄园，整个村落随之兴盛起来。由于家族农商兼营，王氏积累了大量的财富，庄园始建于顺治初年，历经几代人才得以建成，成为我国华北地区现存规模最大、最完整的清代将军府邸和商贾宅院。[21] 庄园呈矩形布局，由完整的城墙和护城沟环绕，并引入界河之水以增强防御。[14] 南腰山村的其他院落则围绕着王氏庄园，在其东、西、北侧布局建设，共同构成了界河东绕、平原南临的整体格局。

同样因重要历史文化遗存而兴盛的村落还有国公营村，该村建有保定最大的佛教寺院——观音禅寺。据碑文记载，这座禅寺始建于隋唐时期，金大定、明正德和天启年间都曾重修。在抗日战争时期寺院被毁，20世纪90年代，当地人又捐款重建，现为保定佛教协会驻地。每年三月初一至初三的庙会，禅寺都会吸引众多信徒前来朝圣。观音禅寺现位于国公营村西北角，《重建观音禅寺之记》中记载："直隶保定府清苑县（今清苑区）闫庄社，在郡城之东北二十五里许，地名国公营。村后有古刹一所，大定年间重建。"据此可以推断，数百年来村落一直在禅寺的南侧不断发展，禅寺的香火对于国公营村的影响从未间断。

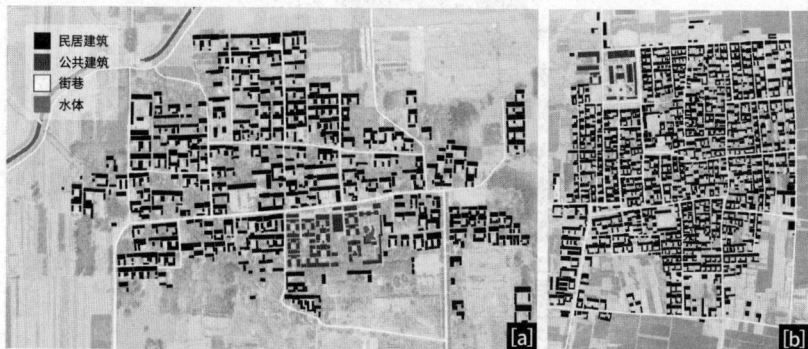

图3-29　南腰山村［a］、国公营村［b］（冀中片区）整体布局

3.5.2 淀中密集布局

　　此类布局的传统村落有冀中片区的圈头村（图3-30），该村位于安新县城东南10.6公里处，地处白洋淀境内，系"纯水村"。村落早先称傅家屯，有傅、梅、朱三姓土著居民。明永乐十三年（1415年），于塞北兴州组织迁来陈、张、夏三姓移民。随着人口的繁衍，傅家屯的人口和村域面积皆在白洋淀周圈居于首位，故更名为圈头村。

　　清康熙四十九年（1710年），圈头村东部建行宫一处（图3-31），康熙、乾隆两位皇帝都曾多次驻跸圈头行宫。遗憾的是，如今行宫已不复存在。清中后期，村子东西长约750米，南北宽约500米。全村由村中部、河西、河南、河东4部分组成，村中部有三条东西贯通的大街。

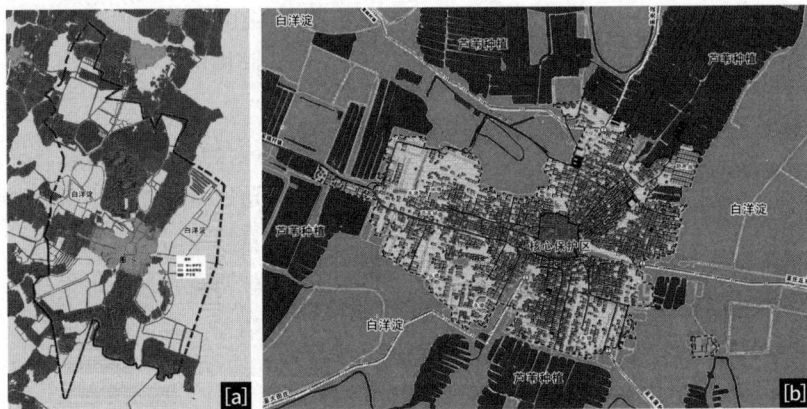

图3-30　圈头村（冀中片区）区位 [a] 与整体布局 [b]
（图片来源：保定市城乡规划设计研究院有限公司. 河北省安新县圈头村传统村落保护发展规划 [Z]. 2017.）

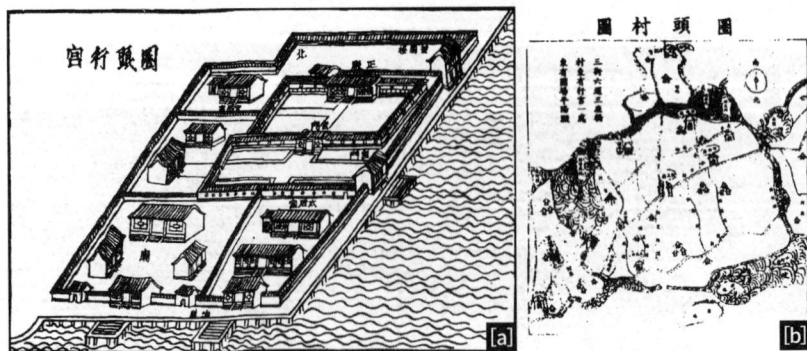

图3-31　圈头行宫 [a] 及清末民初时期圈头村地图 [b]
（图片来源：张满乐. 圈头乡志 [Z]. 安新县圈头乡地方志编纂委员会，2012.）

该村现由东街、西街、桥东、桥西、桥南5个大队组成，呈现分散、连片建设的形态。整个村落南北宽约1130米，东西长约1600米，占地约111.36公顷。村落四周被水泊和芦苇田包围，交通不便。村内道路极为狭窄，多数仅供步行通过，少数街巷勉强满足小型车辆通行。[22]

历史建筑大部分集中在村落中心约200平方米的区域内。老村的道路主要有前街、大街、后街三条东西走向的大街，还有6条胡同贯通南北，谓之"六道"（图3-32）。街巷宽度仅为1~3米，甚至更窄。街道高低错落、纵横交织，奠定了村落空间形态的基础。民居布局极为紧凑，多是平屋顶的一合院、二合院，其中不少因无人居住、年久失修而塌毁、废弃。这里的民居院落与平原、山地民居的合院大为不同，进深长短不一，风貌原始古朴、布局灵活多变。

图3-32　圈头村（冀中片区）老村整体布局

3.6　古陉驿道主导的村落整体布局形态

太行八陉对河北传统村落的产生与发展有着深刻的影响，其传统村落整体布局形态受古陉驿道主导的地区有井陉亚区（井陉）和邯郸亚区（滏口陉）。

3.6.1　井陉驿道沿线布局

河北境内分布在井陉古驿道沿线的传统村落共有16个，占到井陉亚区传统村落总量的1/3以上，充分体现了驿道与沿线村落间千丝万缕的联系。战争与经济发展推动了井陉驿道的开通，它途经的区域因地处山区，条件简陋，需要修建驿亭、校场等后勤设施，以保障驿道的畅通。这些场所成为村落形成的原点。随着物资和人员大量流动，驿道为村落发展创造了良好的交通和资源环境。村落的蓬勃发展也为驿道提供了充足的补给，两者共同促进了区域的繁荣。从井陉驿道沿线传统村落的分布情况可以发现，村落沿古驿道由西向东呈线性递减趋势，且南路和西支线的村落分布密度大于北路。宋古城村作为天长古城的所在地，是各条线路会合的重要节点。

1. 驿道南路

古驿道南路因其位置在两条驿道主线中相对靠南而得名，自战国时期修通，至秦汉初年发挥重要作用，全程长约65公里。[23]据《井陉县志料》描述："井陉古时驿路，东由获鹿县（今石家庄市鹿泉区）城西行十里，入本县境，历头泉、下安、上安、东天门、微水、长岗、横口、北张村、郝西河、东窑岭、河东，越治城，经南关、朱家疃、板桥、长生口、小龙窝、核桃园，至山西省平定县境，出固关，长约百里，俗称大路。能行车，虽不得方轨呈列，然除第三区北部道路平坦不计外，横诸全境，则为首屈一指之康庄大道，所谓'燕晋通衢'也。"[24]

驿道南路沿线比较有代表性的传统村落有核桃园村、小龙窝村、长生口村、板桥村等，这些有驿道穿过的村落，整体均呈带状布局（图3-33）。例如，紧邻山西的核桃园村，村落由驿道向南北两侧扩展；村落中部作为腹地，历经数代发展，比村落两端建有更多的民居院落；村落的整体形态也从最初的"带状"演变为"叶状"。又如长生口村，驿道穿过的地带适宜建设的空间有限，新村难以在狭长的区域内生长，遂逐渐在邻近的台地上营建，村落形态则由带状演变成人字形。小龙窝村属于驿道在村落一侧通过的类型，在这种情况下，庙宇（三官庙、娘娘庙）的选址综合考虑了驿道的通行与村落入口的空间转换。村落自庙宇沿主街逐级攀升、扩展，形成扇形。

2. 驿道北路

秦朝末年，驿道南路因防御需求而被下令阻塞，到了汉朝初年，天护故城成为县治所在地，这一系列事件促使北侧原有的小径逐渐成为新的驿道主路。驿道北路由天长古城出发，由东关向北行进，再沿东北方向途经石桥头村、庄旺村，进入天护故城，再向东经过赵村铺村，穿越绵河抵达威州，最后沿东南方向，穿过北平望村离开井陉（图3-34）。[25]驿道北路长约45公里，全程起伏转折、翻山越岭，不论是沿途的驿站间

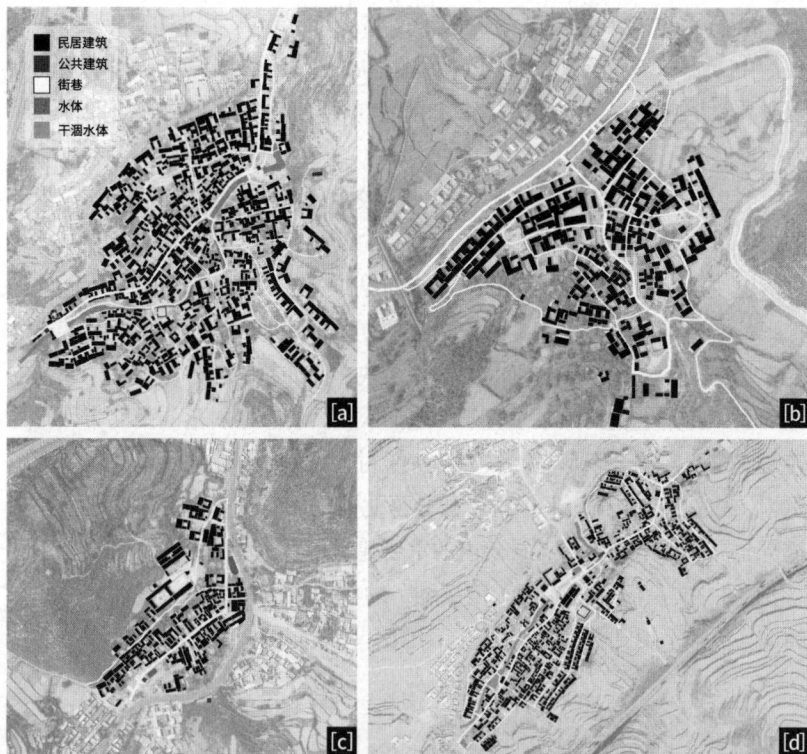

图3-33 驿道南路核桃园村[a]、小龙窝村[b]、长生口村[c]、板桥村[d]（井陉亚区）整体布局

图3-34 驿道北路石桥头村[a]、庄旺村[b]、赵村铺村[c]、北平望村[d]（井陉亚区）整体布局

距，还是路途的艰辛程度都要大于南路。宋熙宁八年（1075年），井陉县治由天护故城迁至天长古城，行政中心进一步西移，天护和威州的交通必要性大幅降低，驿道南路又逐渐被重新启用，并于明万历四十六年（1618年）正式恢复为驿道主路。[26]

驿道北路所处地貌随山形走势曲折较多，但整体起伏相对平缓。村落的道路系统以不同走向的古驿道为轴，向两侧不断生长，规模逐渐扩大。村落也从早期鱼骨形的核心道路系统向纵深蔓延。后期随着村落不断向外扩张，格局不断完善，路网系统也更加复杂，并形成"主街-次街-巷道"的空间网络，呈现出不规则的大面积斑块。诸如赵村铺村，在驿道主街的基础上，向南生长出数条垂直于驿道的次街，将整个村落的南北带状布局转变成东西向的全新形态。又如北平望村，村落居于山间平地，地势开阔平坦，故称"平望"，平望村后被分为北平望、南平望两个村。秦皇古驿道自北平望村内部穿过，村落内的重要建筑均沿古驿道分布，形成"三阁（药王阁、文昌阁、观音阁）定一线"的典型驿道村落格局；而南平望村的地势更加平坦开阔，村落历经百余年，不断向四周生长。

3. 驿道西支线

驿道西支线是驿道南北两路汇聚在天长古城后，向西沿着绵河，途经乏驴岭村、南峪村、地都村（图3-35），最终进入山西省境内，到达娘子关的延伸道路。西支线的沿途均是河谷，水流较为湍急，且周边山地爬升陡峭；因此，在清朝末年修通正太铁路以前，此线路仅能依靠人力或畜力运送货物。

西支线的村落所处山体主要由奥陶纪灰岩组成，区域内沟壑纵横，山势险要。由于绵河的切割，两岸山体呈V字形，形成高山峡谷，谷宽为30～100米。村落多依山势逐级修建，而峡谷宽度有限，西支线上的村落多数依山临水，较为狭长。例如，南峪镇南峪村，村子依托绵河岸边上半坡位置修建民居，沿绵河呈串珠状分布；几经沧桑，至清雍正年间建起了东西两阁，形成了"一街十一巷"的村落格局。另一处具有代表性的村落是南峪镇地都村，该村位于井陉古驿道的最西边，跨过村西边的古阁不到一公里，就是山西省境内的娘子关。村落北侧有绵河自西向东流过，南侧是坡度陡峻的山体。驿道从村落中央穿过，民居院落在其两侧展开。据《段氏谱书》记载，此村原名"帝渡"，相传当年"刘秀走国"时曾在此渡河，故名"帝渡"，后逐渐演变为"地都"。明成化年间，段增库自山西迁来此处立庄，繁衍生息，故村中段姓村民居多。村落中心自西向东是连接晋冀两省的晋阳街，为古驿道上的骨干街

图3-35 驿道西支线乏驴岭村 [a]、地都村 [b]、南峪村 [c]（井陉亚区）整体布局

道。两侧活板插门的街坊店铺尚存，民居合院依南北朝向布局，整个村落形成较为方整规则的矩形。

值得关注的是，属于滹沱河流域冶河水系的绵河，自西向东流经沿途村落的最低处。井陉作为当年韩信背水一战的战场，可以推想当时绵河水量应当比今日充沛。现在的绵河以娘子关为界，西侧为时令河，东侧为长流河，虽水量不比以往，但仍构成了河北境内传统村落山水格局关系最显著的区域。据《井陉县志料》记载："绵蔓河，源于山西寿阳东，有二流。一出鸦儿峪，曰北芹泉，水色未浊，合流，名太平河。东流，至平定县界，曰桃水，亦称桃河。又东流，有南川水、阴胜水、嘉水、石门河、清玉峡水、泽发水、绵水、太谷水依次注入，经石峡至娘子关东五里，入县境之南峪村，乃更名绵蔓河。又东流，经北峪村南与北峪泉会。沿山麓至乏驴岭村西，转而向北，过山峡，复转而南下，折东……而至南横口与甘陶河会。"

4. 驿道节点

在历史上，井陉驿道沿线有三个重要的政治军事节点分别是天护、威州和天长。前两者随着朝代更替以及驿路主道的变迁，逐渐失去了重要作用，已无完整的遗迹可寻；而天长古城得以较好地留存至今，现称宋古城村。宋古城村位于井陉县西部，地势险要，为多条驿道线路交会之处，旧时是晋冀交通之咽喉。

天长汉代已成村落；唐代设驻军单位（天长军），时称"天长军城"；宋代县治迁至此处，"天长军"改称"天威军"，除修筑城垣、城门外，还在城内建置县署、学宫等；嗣后历金、元两代，县城内行政设施等日臻完善；明、清两代又对天长古城进行了多次修缮与增建，古城墙、重要公共建筑和众多民居建筑留存至今。自宋熙宁八年（1075年）在此治县至今，天长一直作为井陉的政治、经济与文化中心，直至1958年县政府才由天长镇迁至微水镇。

宋古城村地处河谷北侧山地，三面被绵河环抱，高大的城墙顺着北高南低的地势砌筑，古城向阳而建，远观呈簸箕状，由此得名"天长簸箕城"。街巷顺应地形灵活延伸。

作为管理严格的军事重镇，天长镇的建造严格遵循封建等级制度。因此，城镇格局既有山地街巷的复杂多变，也暗和平原城镇等级分明的网络格局。发展之初，古镇在城墙内以东西向的城内大街为中轴，向南北两侧发展。北侧由于地势陡峭，不适宜民居院落的布局，又因为地势较高，符合权力机构居高临下的态势需求；因此，县衙、文庙、城隍庙等建筑群多分布于此。南侧则多为民居。随着清末城镇人口的增长，城内紧张的用地已难以满足居住的需求，古镇不得不往城外扩张，城东部和北部的东关、北关地区迅速发展，街道两侧的商业也随之繁荣起来（图3-36）。[27]

3.6.2 滏口陉沿线布局

"滏口古道越太行，西通秦晋有古阁"。滏口陉作为邯郸亚区内重要的天然通道，从滏阳河畔的纸坊镇起，翻越太行山，蜿蜒上百里，千余年来连接起河北、山西的历史与文化。滏口陉的西段如今由青兰高速公路G22承担着快速连通的职能，鲜有历史遗存丰富的村落留存至今。在古陉的东段，主要分布有固义村、北侯村、金村、冶陶村等沿线传统村落（图3-37）。

图例
- 民居建筑
- 公共建筑
- 街巷
- 水体

图3-36 驿道节点宋古城村、东关村、北关村（井陉亚区）整体布局

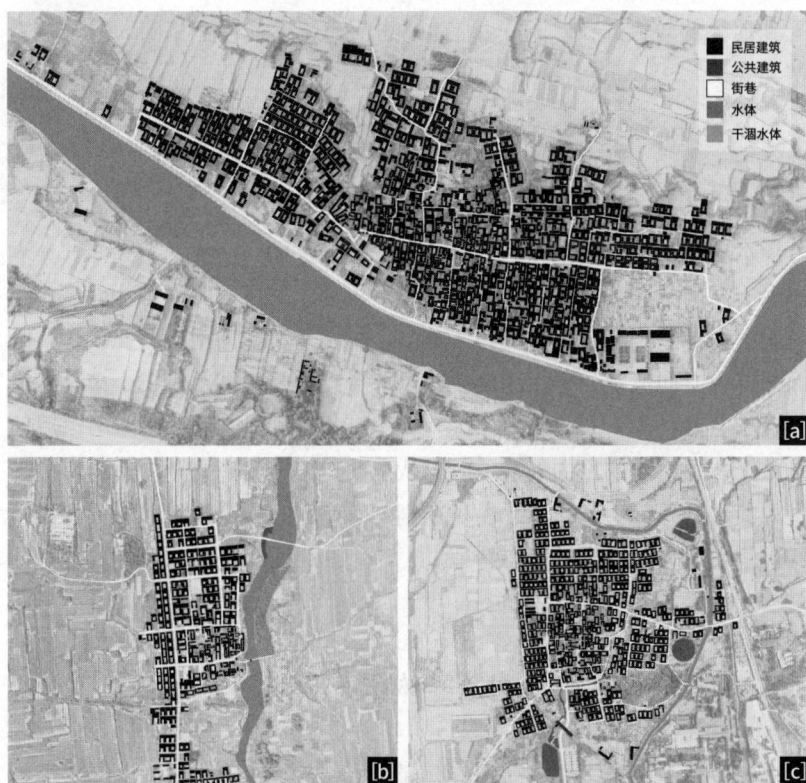

图例
- 民居建筑
- 公共建筑
- 街巷
- 水体
- 干涸水体

[a]

[b]

[c]

图3-37 固义村［a］、北侯村［b］、金村［c］（邯郸亚区）整体布局

这些村落的共同特征是以古陉方向为轴线布局村落，并在主要出入口处设有阁，与井陉驿道沿线的传统村落具有较高的相似性。此类村落整体格局规整，随着长时间的发展演变，会逐渐向外围拓展，从而在村落边界形成相对有机的肌理。

固义村的布局形态最具代表性，该村卧于洺水南岸，地势北高南低。南洺河本为季节性河流，但因各种因素，已经干涸，如今仅作为泄洪渠使用。村子东起观音阁、西到关帝阁，一条青石与卵石铺砌的300多米长的主街贯穿其中。[28]战国时期，赵国与秦国在上党（今山西长治）进行了长达三年的"长平之战"，这条主街是当时赵国为前线供给粮草的运输线路，固义村也是这条古粮道上的重要驿站。

冶陶村（镇所在地）同样毗邻洺水，坐落在这条千年古道上，距固义村以西2.5公里。它是西通秦晋，东连赵魏的必经之地，自古就是商贾重镇。[29]冶陶村建于唐代，由于古代冶炼在此兴盛而得名。村落随历史发展，不断扩张建设，老村被四周新建的建筑无序包裹，故肌理格局不及固义村清晰。村落地势北高南低，中央有一块高地。冶陶村全村最大高差约20米，从西关沿着滏口陉向东穿越村落的时候，能够感受到地势的较大起伏。村子里有8处阁，建筑形式各不相同，装饰较为精美。

滏口陉因紧邻水泉沸腾的滏阳河上源而得名，《读史方舆纪要·五·河南　陕西》卷四十九·河南四"滏水"条中记载："在县西十五里，亦曰滏阳河。源出武安县（今武安市）东滏口山，泉源沸涌，若滏水之汤汤，故以滏名。经磁州（今磁县）而东南流，至县西北，入漳河。袁尚救邺，循西山，东至阳平，去邺十七里，临滏水为营。"[30]滏阳河发源于峰峰矿区和村镇下辖的金村白龙池，向南流经北侯村，继而往邯郸方向流淌，再由南向北穿过邢台、沧州、衡水等18个市县，最终在献县臧桥与滹沱河汇流，称子牙河。[31]而滏口陉到达磁山镇后便是整个古陉河北部分的最后一段，从东西走向转为南北走向，与滏阳河发源的水系并行。金村和北侯村东侧均有南北方向流淌的河流，村落布局也呈现出与此相应的形态特征。

3.7　军事防御主导的村落整体布局形态

传统村落整体布局形态由军事防御主导的地区以蔚县亚区最为突出，该区域内几乎所有传统村落均修建有防御性的堡墙，堡墙内的空间格局体现了里坊制的鲜明特征，主要呈现出南北轴线规则布局、东西贯穿规则布局、自然顺势布局、防御村落组团布局四大类型。此外怀安–怀来亚区、邯郸亚区与邢台亚区也有着不同类型的防御型村落。

3.7.1 蔚县亚区防御型村落

1. 南北轴线规则布局

蔚县传统村落最有代表性的村落形态莫过于南北轴线规则布局的方形村堡，在此类村落中，中小型规模的通常坐北朝南开设南门；当村落规模较大、形制较高时，会开南北贯通的堡门，堡门外有时会营建瓮城，以加强防御。

1）坐北朝南

此类村落的形态是蔚县城堡型传统村落的原型，村落由方形堡墙围合，南侧开单一堡门，沿村落主街正对北侧高高抬起的真武庙（图3-38）。

蔚州城的历史可以追溯到北魏时期，在此后的各个朝代中，一直是重要的军事和行政中心。鉴于其形成时间早于城堡型传统村落，因此分析村落整体形态，应当首先挖掘蔚州城的空间格局特征及其内在规律。

现存蔚州城城墙的外轮廓由于"因地制宜，用险制塞"的原因，其北面狭窄、南面开阔，东、西两面多弯曲。蔚州城建有东、西、南三座城门，北城墙上建有玉皇阁，城中心建有文昌阁。然而从空间格局来看，东西两门不在同一条直线上——西门偏北、东门偏南，其间的道路不直通；玉皇阁与南门也相互错开，道路延伸至财神庙街丁字路口为止。虽然城中没有形成明显的中轴线，但营城的规律仍清晰可见，行政与生活区、军事防备区、祭祀庙宇区分区井然，且各区均有中心和轴

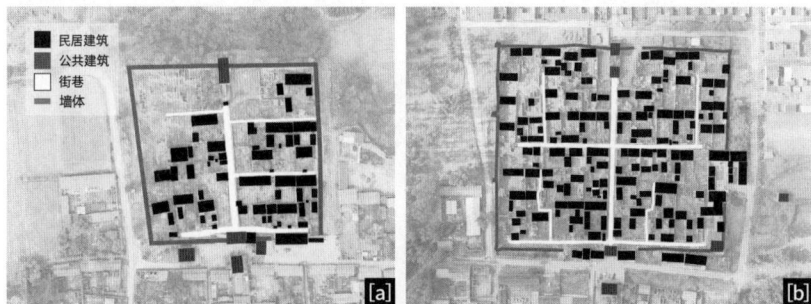

图3-38 水东堡村[a]、大饮马泉村[b]（蔚县亚区）整体布局

线。蔚州城历经明、清至今，基本格局一直保留完整（图3-39）。[32]

蔚县地区传统村落的空间布局原型与蔚州城格局非常相似。例如，蔚县村堡在北墙上建设的真武庙就与蔚州城在北面所建玉皇阁的功能相仿，可作为战时瞭望指挥的场所，有着镇守边境之意，可起到防御作用。

另外，蔚州城南门与玉皇阁错轴的格局也延续到了传统村落的布局当中。如白后堡村（图3-40），形成了以北面真武庙为出发点和以南边堡门为出发点的两条轴线，北侧形成一个主字形街巷系统，南侧形成一

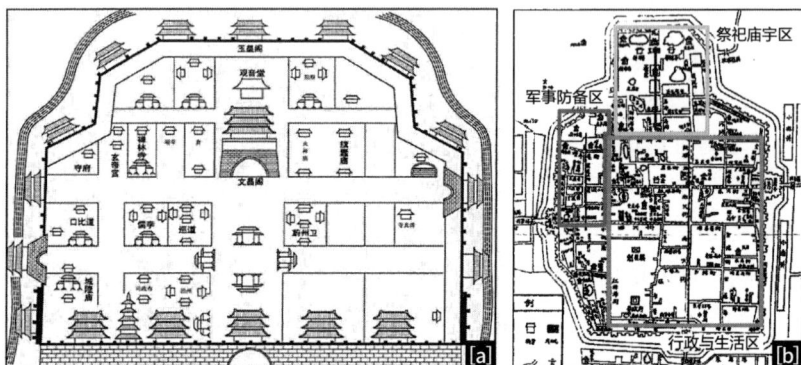

图3-39 《蔚郡志》城图［a］、蔚县城古城图［b］

（图片来源：殷梦霞. 日本藏中国罕见地方志丛刊续编：第1册［M］. 北京：北京图书馆出版社，2003.）

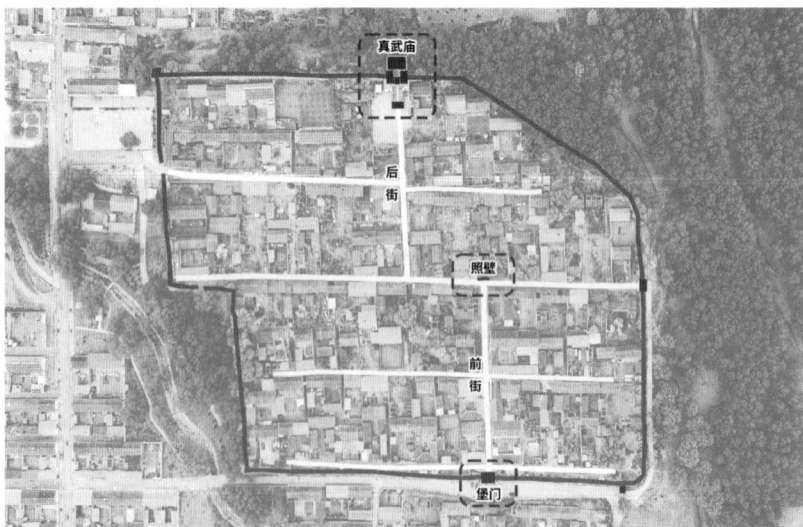

图3-40 白后堡村（蔚县亚区）街巷格局

个王字形街巷系统，整体组成了"四横两纵"的空间格局，当地人俗称 "'王'在外、'主'在内"。目前，丁字街尽头仍保留有照壁、泰山石 雕，反映出蔚县当地传统街巷的典型尽端处理方式。[33]

2）南北贯通

当村落的规模达到一定程度，为了更好地组织堡内外交通，会打破 不开设北门的惯例，形成南北主街贯通的村落形态。此时，村落形态虽 仍为方形，但是整体尺度相较于前一种类型大出许多。同时，由于开设 更多的堡门，增加了防御负担，有些村落会在堡门外修建瓮城，并将庙 宇和戏台置于其中（图3-41）。

3）堡套堡

堡套堡的村落形态是一种特殊类型，北官堡-卢家小堡便是其中一 例。北官堡坐落在暖泉镇东北部，平均海拔高度为800米。该镇泉水丰 沛，形成了溪流纵横的独特景观，村民建房大多选址于高坡之上。北官 堡是"暖泉三堡"（西古堡、中小堡、北官堡）中规模最大的一个（图 3-42）。该堡的堡门十分高大，上面建有歇山顶门楼，传递出军屯制度 盛行年代浓厚的军事气息。堡内建筑布局清晰，自明洪武年间修建的官 堡门开始，主街由南向北笔直地延伸，堡中民居如鱼骨状分布在主街两

图3-41　西古堡村［a］、钟楼村［b］（蔚县亚区）整体布局

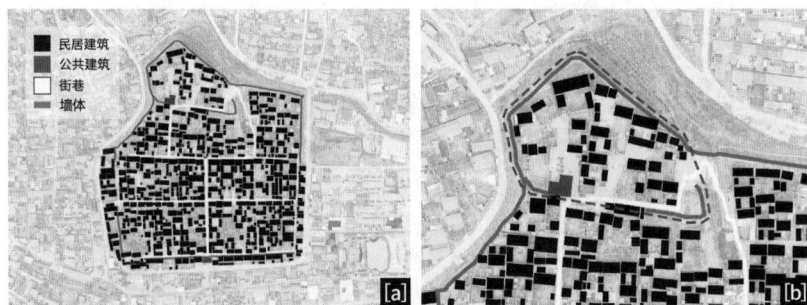

图3-42　北官堡村［a］（蔚县亚区）及其中卢家小堡［b］整体布局

侧；继续东行，地势逐渐变陡。这里记载着明军和蒙古军交战的故事。当年明军英勇顽强，宁死不屈，损失惨重，就剩下了一户卢姓人家，修建卢家小堡并在此繁衍生息，安居乐业。后来又有宗、刘、侯、张四大家族先后迁至此地，为了守护族人安全，他们在卢家小堡南侧修筑城墙，建成北官堡，最终形成了"堡套堡"的独特格局。堡内村民有城墙和堡门的保护，加之村民修建了隐蔽性的暗道，可以家家相连、户户相通，使得城堡尤为安全。至今，村民仍然保持着"堡内居住、堡外耕作，天黑即关堡门"的传统生活方式。

2. 东西贯穿规则布局

与蔚县开设南门的典型村堡形态不同，一部分村落因交通流线的缘故，而将村落的出入口设置为东西方向，或开设贯穿型堡门，或单侧开设堡门。

1）东西贯穿

此类型的村落有南留庄村和大探口村等（图3-43）。村落整体形态方正，由于与周边进行交通衔接的需求，村里东西堡墙正中设置堡门，但并无瓮城。从两个村子庙宇、戏台的分布可以看出，起防御作用的真武庙，不会因为堡门位置的改变而更换位置，始终坐落在北墙的高台上。但是戏台、五道庙、关帝庙等空间，则会因村落主街和堡门的格局变化，而调整位置。例如，南留庄村的戏台和关帝庙分别坐落于村子的东、西堡门外。

2）单向进入

堡门东西方向布局、从单向进入堡内的村落类型较为少见，样本中仅有千字村和郑家庄村两处（图3-44）。值得一提的是，这两个村落虽

图3-43 南留庄村 [a]、大探口村 [b]（蔚县亚区）整体布局

然都建有完整的"堡门-堡墙"体系，但是在村落的正北方并未修建真武庙，村落规模小、路网稀疏。如郑家庄村只在东堡墙内修建有一座正对西堡门的观音庙，千字村也仅在进入东堡门后的路网分支处建有庙宇。

3．自然顺势布局

蔚县地区因水流侵蚀形成的沟壑台地较多，传统村落营建时，虽然遵循里坊制的方正格局，但也会顺应周围地形灵活调整，因此边界呈现出不规则的自由形态（图3-45）。例如，卜北堡村建造在台地上，台地

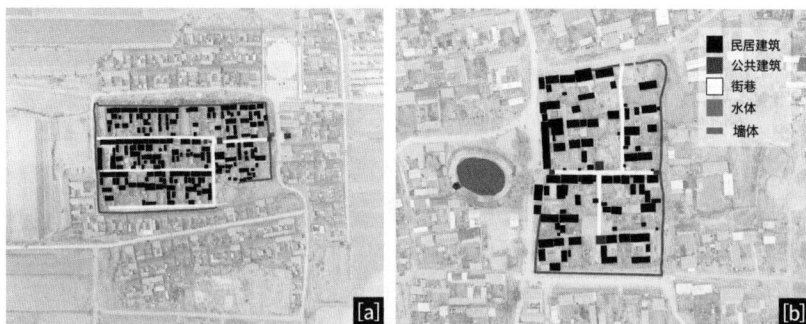

图3-44 千字村［a］、郑家庄村［b］（蔚县亚区）整体布局

图3-45 卜北堡村［a］、上苏庄村［b］、北口村［c］、白后堡村［d］（蔚县亚区）整体布局

呈东西延展走向，南北两侧临沟，高差较大。村落开设东侧单一堡门，具有极强的防御特征。又如位于飞狐陉口的北口村，因为隘口口径的关系，周边的路网呈现集中汇聚的特征，进而造就了该村呈伞状的整体形态特征，庙宇自然也就布局在路网汇聚点与陉口之间的台地上。又如白后堡村，村落整体形态较为方正，但东北角由于周边河道流域的关系，顺应地势做了斜切，形成了"人工、自然"共同影响下的整体形态特征。

4．防御村落组团布局

1）双子堡

随着村堡中人口的增长，当需要建设新的村落时，通常会在邻近区域重新建立具有完整围合堡墙的新村，鲜有拆除现有墙体进行扩建的做法，这也反映出村落空间整体形态的一致性和延续性；同时，从一个侧面说明了这里曾长期处于紧张的防御状态。

最为典型的双子堡村落有曹疃村、张中堡村和浮图村（图3-46）。三个村落都呈现东西并置双南北轴线的吕字形形态特征。浮图村由东西两个完整的村堡组成，两堡之间由共用堡墙分隔，两堡的居民均需要从各自南北贯穿的堡门进入。两堡在东西方向形成了共同的文化与信仰设施轴线，自东向西在主要节点处布局有文昌阁、真武庙和戏台。可见出

图3-46 曹疃村［a］、张中堡村［b］、浮图村［c］（蔚县亚区）整体布局

于防御需要，两村虽然紧邻，却又相对独立，而精神性场所则在平日里共同使用。

张中堡村东西两堡之间通过两道券门穿行，观音阁布局在东堡墙外，关帝庙、戏台等一系列文化、信仰建筑分布在西堡门外。

曹疃村拥有两套完整的"真武庙-堡门"体系，但东西两个村堡之间并未有堡墙分隔，取而代之的是一条自南向北分布有堡门、关帝庙、观音庙的村落主轴线。东侧堡门与真武庙相对；西侧堡门并未与真武庙相对，而是与主路尽端的观音庙相对。两处堡门外均建有戏台。关帝庙处于村落中心，起统领作用，建筑形制较高。

2）连环堡

连环堡是村落生长的另一种主要形式，由于蔚县村堡有着清晰的边界，当其发展到一定规模，同宗同源的村民会在原村附近，选择合适的场地营建新村。其中，具有代表性的有水东堡-水西堡村、吕家庄村、白南场-白中堡-白后堡村（图3-47）。

南留庄镇的白家庄连环堡由6个村堡组成，分别是白后堡、白河东村、白南场村、白南堡、白宁堡及白中堡。根据相关记载，最早在此地

图3-47 水东堡-水西堡村 [a]、吕家庄村 [b]、白南场-白中堡-白后堡村 [c]（蔚县亚区）整体布局

只有一个村落，即白家庄，而后又在白家庄村后建有一堡，故名白家庄后堡，简称白后堡。[34]在随后的几百年间，村民持续在周围修村建堡，最后形成了堡堡相连的连环堡。[35]

其中，白后堡选址于高地，易守难攻，且村北临沟，东靠沙河，村民的日常生产生活较为方便；也因此元代与清代，白后堡在遭受北方少数民族部落的侵扰中得以保全。后期陆续建成的白宁堡、白南堡、白中堡、白河东村、白南场村，借鉴了白后堡的选址原则，均建于高地之上，紧邻沙河。6个村堡连环相扣的主要目的还在于共同防卫，形成犄角之势，组成坚固的堡垒。矩形为六连堡的基本形态，具体形态则根据各堡的选址条件、规模大小以及功能布局等因素而加以变化。

3.7.2 怀安–怀来亚区防御型村落

1. 方形城郭布局

1）城即村

鸡鸣驿村在河北传统村落中是较为特殊的存在，与其说它是一个村落，不如说是一座规模宏大的邮驿城池（图3-48）。鸡鸣驿始建于元代，发展至明永乐年间，成为京师北路上最大的驿站。至成化时期，开始修建土垣；至隆庆年间，用砖进一步完善城池等防御设施。清乾隆年间，鸡鸣驿将城墙全部重新修建，以巩固防御。自民国3年（1914年），

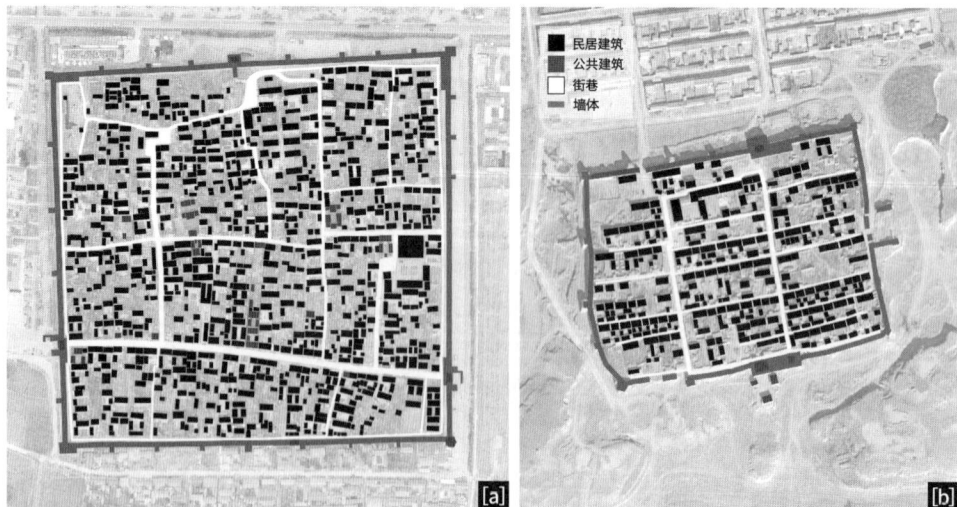

图例：
- 民居建筑
- 公共建筑
- 街巷
- 墙体

图3-48 鸡鸣驿村 [a]、开阳村 [b]（怀安–怀来亚区）整体布局

北洋政府"裁汰驿站,开办邮政"起,这座历经沧桑古驿的历史地位逐渐衰落。[36]

鸡鸣驿采用边长为450～480米的方形平面布局,由高度在12米左右的梯形截面城墙围合,城垣的四角设有独具风格的角台。城墙采用砖面夯土结构,内外墙都由青砖包砌而成。驿城内空间经纬分明,街道则采用"三横两纵"格局,驿道所在的主街贯通连接东西城门。主街北侧还有平行走向的两段后街,是驿城最核心的两个区域,沿街设有驿丞署、军驿舍及驿馆等重要建筑。

驿城的东侧设有关帝庙、财神庙、永宁寺等,西城门入口处和东北部还建有城隍庙等4座庙宇。驿城的西北部则设有马号、马神庙、阎王庙等。东北方向是全城地势最高的地方,常年干燥,故将粮仓建于此处。驿城西南部因驿城修建时大量取土,致使这里地势较为低洼,修建成水塘,并且一塘两用,既是驿城的消防水源,又是驿城的排污出口。

驿城的东、西两座城门分别对外连接驿路,并对称设有马号和驿仓,具有较强的防卫能力。鸡鸣驿处于边塞地区,军事地位比较特殊,原先为民驿,后来承担了军驿的角色和功能,并同时建有军驿马号(西号)和民驿马号(大号),形成两种邮驿共存的局面。直至清康熙年间,驿城又从军驿转变为纯粹的民驿。

沿着鸡鸣驿向东南方向行进,可直抵京师,全程途经4座驿城。西北方向至宣化有两条出行道路:一条路北上,可通达张家口;另一条路向西转向,路过怀安、大同,经九边沿线诸驿站,可以到达嘉峪关(图3-49)。[36]

另一处典型的"城即村"的案例是位于阳原县浮图讲乡的开阳村。开阳村的历史可以追溯至战国时期的安阳邑,它是阳原县境内最古老的县城和村落,因而有着"先有开阳堡,后有阳原城"的说法。该村分为新村和老城两个部分,老城即为"开阳堡"。其堡墙东西宽约350米、

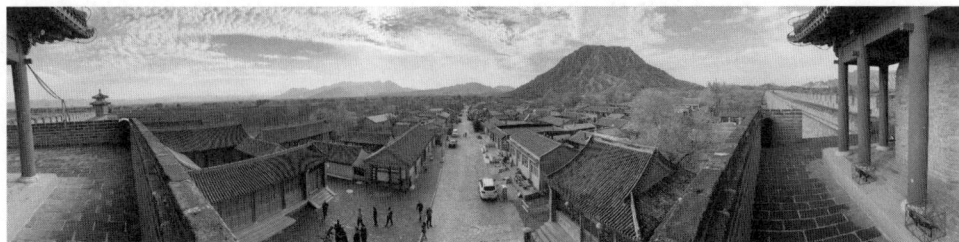

图3-49 鸡鸣驿村(怀安-怀来亚区)自东城门俯视驿城

南北长约216米，高约9米，4边共修筑墩台16个。开阳堡内为明清建筑群，设有官衙，商贾店铺林立，还建有许多客栈，富家大户建有单门独院。古堡布局建造时，采用井字形结构，使得街道系统颇具特色，共建有南北方向和东西方向纵横交错的4条大街，将城堡划分成了9个街区（史称"九宫街"）。

2）小型方堡

布局规整的方形村堡，除鸡鸣驿村、开阳村这些规模较大的特殊类型，其余多为小型方堡（图3-50）。如怀安县北庄堡村，村堡边界尺度仅有约60米×60米，怀来县麻峪口村村堡遗址边界约为130米×150米。这类村堡遗存数量稀少，很多已年久失修、破败不堪。不同于蔚县村堡特点鲜明的布局形式，怀安-怀来亚区小型方堡的样本村落并未展现出"真武庙-堡门"的形态特征，仅有"堡门-堡墙"与方格路网的空间形态要素。

2. 台地围合布局

台地围合布局是怀安县最具代表性的村落空间形态。村落整体坐落在高起的台地上，村落形态结合所处地势走向，较为曲折，不受里坊制布局规则以及"真武庙-堡门"体系的束缚。村落入口处的堡门、堡墙多已损毁，无法考证其具体形制，但保留下来的巨大堡墙与敌台成为怀安县村落的常见空间要素，具有典型的边塞特征（图3-51）。

3.7.3　邯郸亚区与邢台亚区防御型村落

1. 古山寨布局

古山寨布局是村落布局中的特殊形式，主要分布在邯郸亚区。由于邯郸在历史上常发生战争和匪患，不少传统村落在邻近的山顶上修建山寨，以供战时从村中撤离，进行守卫防御。村民利用山势高差修建干砌石墙，并设置高台、垛口，进行观察防御。不同山寨与村落的距离不等，它们与其说是村落主体的一部分，不如说是其布局的一种外延和补充，构成了"一村一寨"的特殊模式。古山寨布局的村落主要有偏城村、王金庄村、安子岭村以及岭底村等。

在这些山寨中，形制格局等级最高、保存最为完整的是偏城村刘家寨（图3-52）。偏城村古为一镇，曾是一处战略要塞，包括东岗、土寨、西岗三部分，主要由罗、牛、马等几个姓氏的家族居住。宋末元初，刘姓家族从山西迁来，世代为官，逐渐兴旺。[37] 此后刘姓逐渐取代罗姓，

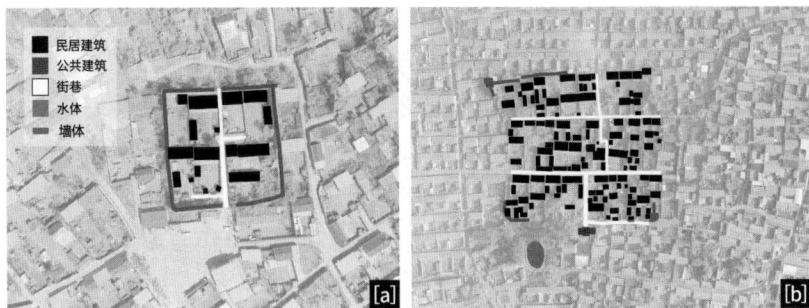

图3-50 北庄堡村 [a]、麻峪口村 [b]（怀安–怀来亚区）整体布局

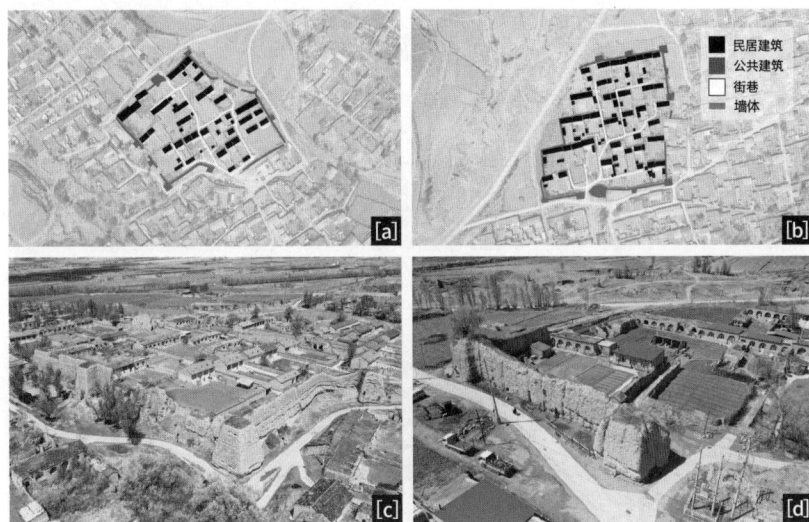

图3-51 东沙城村 [a、c]、西沙城村 [b、d]（怀安–怀来亚区）整体布局及鸟瞰

居住在建于高地的山寨中，并开始修建石墙，将土寨更名为"永安寨"。"刘家寨"的称谓是后人根据山寨主人的姓氏所起，又因其位置偏僻，故名曰"偏城"。刘家寨为了更好地御敌，在北、东、南三个方向修建寨门，并设阁楼，用于瞭望敌情。[38] 山寨的南北中轴线与东西轴线相交处产生了错位，意在模拟"阴阳鱼"图案，以求保佑刘家寨的祥和平安。[39] 刘家寨街巷网格规整，村中的宗祠等重要建筑布置在主街上。院落多用砖石修建，从中可以看出山西民居的身影。

王金庄村的四周山顶坐落着曹家寨、李家寨、刘家寨和王家寨4座山寨，其历史可以追溯至春秋战国时期，晋国正卿赵鞅（赵简子）建造简子城，为防来犯之敌，在兵城外数里处修建兵寨与烽火台，作为观察瞭望之用。[9] 到了近代，村民在战争时期为了避难，也会转入山寨拒敌。

从名称中不难发现，山寨均是以宗族姓氏命名，这也体现了当时据守各处的家族构成。[40]其中，刘家寨位于王金庄五街村村南的山顶上，东西长约300米，南北宽不足百米。由当地村民自发清理遗迹，用废旧建筑材料原位恢复了东西寨门、部分石屋和瞭望台（图3-53）。

安子岭村在距离村落中心500米外的西南方山顶上修建了石头山寨，山寨与村子有50米的高差，既方便退守，又可作为保护村民的良好屏障（图3-54）。[41]岭底村则是在村南1000多米的大寨山山顶修

图3-52　偏城村-刘家寨（邯郸亚区）整体布局 [a] 与鸟瞰 [b]

图3-53　王金庄村-刘家寨（邯郸亚区）鸟瞰

图3-54　安子岭村（邯郸亚区）石头山寨鸟瞰

建了几十座石屋，以四周悬崖峭壁形成的天险，作为村民的御乱藏身之所。[42]

2．山地防御石寨布局

与古山寨布局仅提供临时防御避难场所的作用不同，山地防御石寨布局是整个村落的布局都以防御为目的。以邢台亚区的英谈村为例，其位于邢台县西部的太行山东麓深山腹地，由明代山西移民建立，现有三个自然村，分别为东庄、前英谈村（前庄）、后英谈村（后庄）。其中，后英谈村集中了大多数传统建筑，是英谈古寨的主体建筑群，民居多为清咸丰时期所建。

英谈古寨依断崖而建，东侧临河，受山形地貌影响，村寨由东向西生长，呈曲带状（图3-55）。[43]村寨外围有寨墙，宽3米左右，高度不等，最高可达6米多。寨墙和古寨相互交融，有借寨墙为房墙的，也有将房墙直接作寨墙的。寨墙沿山坡蜿蜒起伏，其东、西、南、北各有一座寨门。其中，东寨门呈阁楼状，是进村的主入口。阁楼梁架施有彩绘，且在上面记载了该寨墙始建于清咸丰七年（1857年）九月。

3条主街和8条支巷构成了古寨的鱼骨状街巷形态，结构较为清晰。其中，一条主街贯穿全村，连接主街、宽窄不等的支巷通向各家各户。[44]

- 民居建筑
- 公共建筑
- 街巷
- 水体
- 干涸水体
- 墙体

图3-55 英谈古寨（邢台亚区）整体布局

为了加强防御，在这样的结构基础之上，每家的院落大门朝向不一，且都设有前后门，以保证户户相通，使陌生人进入古寨好似落入迷宫。

与井陉亚区的石头村不同，邢台亚区的石头村中所使用的石材少有青色，而多为红色，这与当地特色的嶂石岩地貌有关。独特的地质构造，造就了极具代表性的村落风貌。邢台亚区民居墙体所使用的石块、屋顶所使用的石板更为巨大；同时，民居也多为两层或三层建筑，山墙颇高，进一步巩固了村落的防御系统（图3-56）。

英谈古寨依太行山而建，凭天险可居可守，防御系统由大及小，从村落到民居面面俱到，的确可谓"依山凭险，形胜之国"，是冀西南片区防御性村落的代表。

图3-56 英谈村（邢台亚区）民居群落

3.8 特色要素主导的村落整体布局形态

传统村落整体布局形态受特色要素主导的地区以井陉亚区和邢台亚区为代表，这些特色要素主要包括生产类和精神类两种。其中，生产类特色要素主导的村落体现了村落兴衰与经济产业的密切联系；精神类特色要素主导的村落体现了祭祀庙宇对于村落发展的引导作用。

3.8.1 村窑共生沿河布局

河北传统村落多以农业为主导，依靠手工业得以发展的村落并不多见，其主要分布在陆路、水路交通都很发达的区域。此类村落的空间特征，很好地诠释了古人如何将产业发展与日常生活加以有机结合。井陉亚区分布着不少历史上制瓷业较为发达的传统村落，它们大多选址于方便获得原材料且交通便捷的地方，村落空间围绕着井陉窑不断建设发展，肌理的变化也体现了手工业经济在这片土地上的兴衰变迁。

南横口村是一处较为典型的村窑共生案例，它位于河北省井陉县绵河、甘陶河交汇处的西南丘陵上，距县城大约8公里（图3-57）。南横口村是金元时期井陉窑的主要窑址，早期出产白瓷，晚期出产青花瓷，是井陉县境内井陉窑遗存规模最大、保存最为完整的古瓷窑遗址。通过史料与现状可知，南横口村的古瓷窑遗址位于河岸西侧，依托黄土台地建设，建筑层次分明。村落临河处修建有楼阁和渡口，方便瓷器的水上运输。可惜的是，村中多数窑址遗迹如今都已被新建筑所覆盖，仅有一小部分尚存。

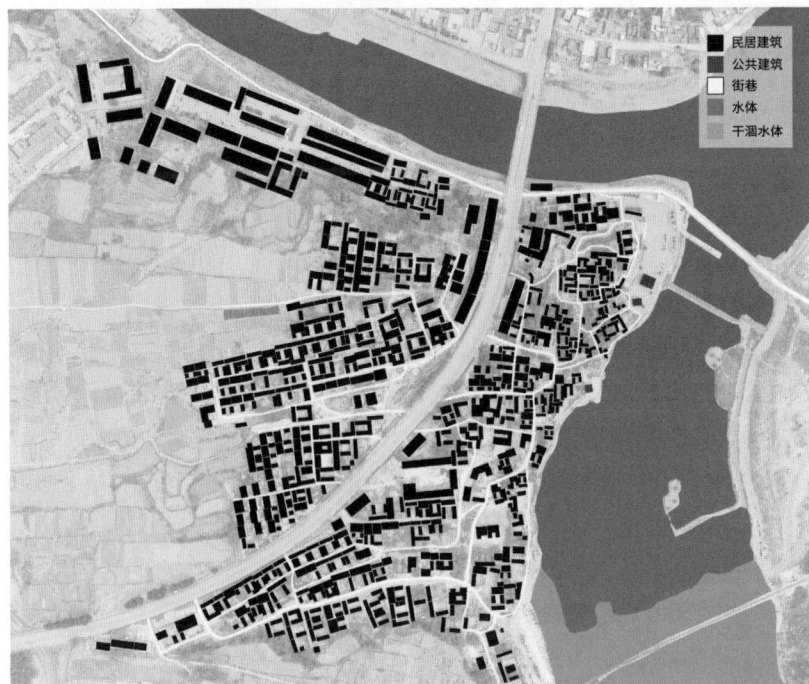

图3-57 南横口村（井陉亚区）整体布局

南横口斜倚红岸山，甘陶居东、绵蔓（绵河又称绵蔓河）于北，两大水系在此交汇，加上引自绵右渠的灌溉渠，村落坐拥千亩良田，生态环境得天独厚。村落形成之初选址于绵蔓河与甘陶河交汇处的西南丘陵上，反映了古人"临水而居"的思想。这样的村落选址既避免了洪水的侵袭，又有便利的生活用水和制陶用水。随着时代的更替，明清时期南横口村不断地沿着甘陶河向南扩展，并修建了码头，使制成的陶瓷均通过甘陶河-滹沱河水路运输。时至清明，随着正太铁路在北侧绵蔓河沿岸的修通以及南横口站的建设，村落进一步向西北发展，以获得更为便利的交通运输条件（图3-58）。

村落内传统建筑沿带状分布在甘陶河与绵蔓河沿岸，院落与瓷窑在坡地上交错排布、层叠有致。14座瓷窑集中分布在村落北部，面朝绵蔓河与甘陶河，而配套建筑，如铁器铺、窑主与工人的住所等也都集中于此，体现了当时烧陶制瓷产业的盛况。几百年来，无论历史如何更替，南横口传统村落的基本格局、街区走向和建筑风格几无变化，其石街石巷、石房石院、古阁古道、雕花砖楼，仍然保留着最初的模样。

南横口村的风貌能够在井陉亚区诸多传统村落中独树一帜，还凭借了笼盔在民居院落中的广泛应用。笼盔学名"匣钵"，是一种高约60厘米，直径约30厘米的中空圆柱体窑具，主要功能是装烧瓷器、防止炉灰污染釉面。由于其坚固、便宜且保温性能良好，成为当地百姓修建房屋和院落墙体的首选材料，体现了南横口百姓"生产即生活，生活即生产"的生存理念（图3-59）。[45]

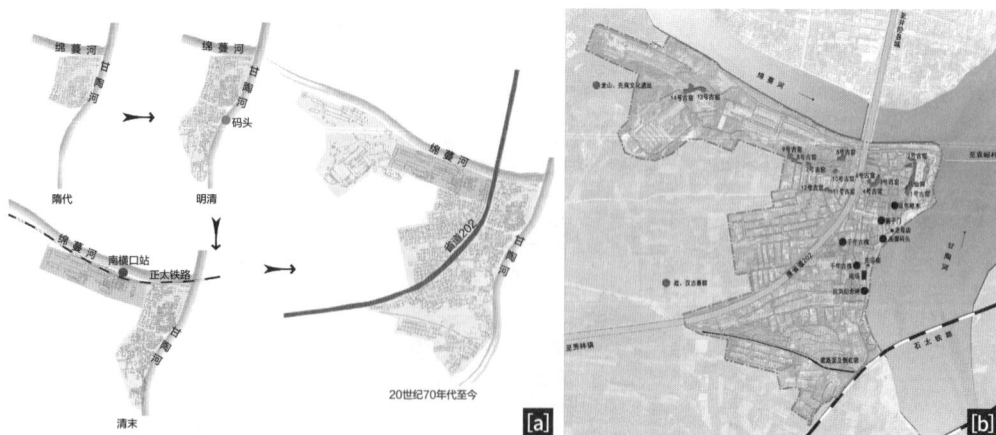

图3-58 南横口村（井陉亚区）形态演化 [a] 及其遗存分布 [b]
（图片来源：石家庄市城乡规划设计院. 井陉县南横口村传统村落保护发展规划 [Z]. 2017.）

另一处村窑共生的代表性村落是邯郸亚区的张家楼村（图3-60），它位于峰峰矿区磁州窑的中心彭城镇。当地制瓷业在明代进入鼎盛时期，进而成为北方瓷都。张家楼老村紧邻磁州窑遗址，是重要的瓷土产地。两条河流在村南交汇，随后穿村向东北方向流淌，汇入滏阳河上游。村中老宅临河而建，因院落背靠黄土层，许多人家的后院都建有窑洞，远远望去，层层叠叠，如同楼房一般，村落故而得名。与南横口村相仿，张家楼村也因烧制陶瓷，产生了大量的废弃笼盔，笼盔墙随处可见，在当地有"张家楼五里长，旮旯拐弯笼盔墙"的说法。

3.8.2 祭祀庙宇群统领布局

祭祀庙宇群统领布局类村落的生成和发展与规模形制较高的大型庙宇息息相关，民居院落通常沿着庙宇的一侧不断发展，两者在外在空间与内在心理上均有着极强的呼应，可以说精神性建筑群落是此类村落建立和发展的核心动因。此类布局的代表性村落有邢台亚区的内丘县神头村和邢台县皇寺村（图3-61）。

神头村具有两千多年的历史，区域内各种文化资源丰富，尤其是古

图3-59 南横口村（井陉亚区）鸟瞰 [a] 与古窑址近景 [b]

图3-60 张家楼村（邯郸亚区）鸟瞰 [a] 与民居近景 [b、c]

老的邢文化氛围较为浓厚。神头村还是名医扁鹊的册封地，建有扁鹊庙，是我国规模最大、保存最完整的扁鹊祭祀庙群，也是全国重点文物保护单位。[46]据《顺德府志》（清乾隆版）记载，扁鹊在陕西咸阳被秦太医李醯杀死后，有人千里迢迢前去把扁鹊的人头偷回并葬在扁鹊庙，后把村名改为"神头村"。[47]随着扁鹊庙的修建，村落沿着山下的河道向两侧及远端生长，逐渐形成当下的规模（图3-62）。

而皇寺村在历史上曾是皇寺镇，地处晋冀之间的交通要地，既是山路出入的咽喉要道，又是邢昔公路的必经路段。相传东汉末年，黄巾起义失败后，黄巾军退至太行山，兵士、流民居住在此。至唐、明时期，又有大量移民迁居此地，使得皇寺村规模逐渐发展壮大。皇寺村古来商贾云集，贸易集市繁荣。据史料记载，唐代所建的玉泉寺是邢州（今邢台市，隋至金称"邢州"，元至清称"顺德府"）重要的宗教活动场所。清代将玉泉寺更名为皇寺，并大力兴建集市、雷公庙、皇寺堡和观察行台。[47]寺庙位于全村的正西侧，院落保持坐北朝南布局，正门处修建有一处水池。村落主街沿着庙宇的轴线向东延伸，规整的院落密集排布

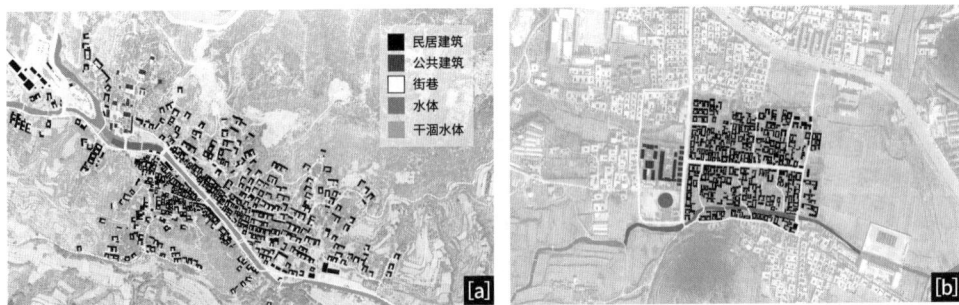

图3-61 神头村 [a]、皇寺村 [b]（邢台亚区）整体布局

图3-62 神头村 [a]、皇寺村 [b]（邢台亚区）鸟瞰

在主街的南北两侧，由较为狭窄的巷道与主街相连。

3.9 本章小结

本章首先依据河北传统村落的区域划定，对4个研究片区及7个亚区中传统村落的选址特征进行论述，挖掘不同地区村落选址与山水格局、地形地貌的互动关系。在此基础上，对山地地貌、丘陵地貌、平原水淀地貌三类自然要素起决定作用的村落布局形态进行举例分析；对古陉驿道、军事防御、特色要素三类人文要素起决定作用的村落布局形态展开样本推敲；从而，较为全面地提炼出河北传统村落整体布局的模式语言，为第07章区域间共性与个性特征的比较分析提供了翔实的依据。

参考文献

[1] 平山县地方志编纂委员会. 平山县志［M］. 北京：中国书籍出版社，1996.

[2] 尹耕. 乡约·塞语［M］. 上海：商务印书馆，1936.

[3] 张锋，任智英. 论怀安碹窑民居的景观特色与人文特质［J］. 艺术百家，2013，29（S2）：117-118.

[4] 史坤立. 基于情感设计的井陉地区乡村传统民居改造更新研究［D］. 邯郸：河北工程大学，2019.

[5] 李自岐. 河北省传统村落图典：邢台 沙河 卷下［M］. 石家庄：河北教育出版社，2017.

[6] 石家庄市宁辉城乡规划设计有限公司. 沙河市石门沟村传统村落保护发展规划［Z］. 2017.

[7] 广州博厦建筑设计研究院有限公司. 沙河市柴关乡安河村传统村落保护发展规划［Z］. 2017.

[8] 邯郸市地方志编纂委员会. 邯郸市志［M］. 北京：新华出版社，1992.

[9] 李淑英. 河北省传统村落图典：邯郸 涉县卷［M］. 石家庄：河北教育出版社，2017.

[10] 河北信达城乡规划设计院有限公司. 涉县固新历史文化名镇保护规划［Z］. 2010.

[11] 周宇洋，李鑫玉. 河北涉县岭底村传统村落与民居研究［J］. 遗产与保护研究，2017，2（03）：80-84.

[12] 李慧心. 河北井陉大梁江聚落与建筑研究［D］. 成都：西南交通大学，2012.

[13] 李慧心，康川豫. 河北井陉大梁江村聚落形态特征探析 [J]. 四川建筑，2012，32（05）：36-37+40.

[14] 张俊敏，康少膑. 河北省传统村落图典：保定　石家庄·拾珍卷 [M]. 石家庄：河北教育出版社，2017.

[15] 河北和恒城市规划设计有限公司. 石家庄市平山县北冶乡黄安村传统村落保护发展规划 [Z]. 2017.

[16] 河北和恒城市规划设计有限公司. 石家庄市平山县杨家桥乡九里铺村传统村落保护发展规划 [Z]. 2017.

[17] 保定市城乡规划设计研究院有限公司. 涞水县九龙镇岭南台村传统村落保护与发展规划 [Z]. 2017.

[18] 河北信达城乡规划设计院有限公司. 沙河市册井乡册井村传统村落保护发展规划 [Z]. 2017.

[19] 河北省赞皇县地方志编纂委员会. 赞皇县志：中国地方志丛书 [M]. 北京：方志出版社，1998.

[20] 乔福锦. 社会文化史视域中的太行村志编纂——《桃树坪村志》绪言 [J]. 邯郸学院学报，2016，26（02）：98-105+129.

[21] 河北省顺平县地方志编纂委员会. 顺平县志 [M]. 北京：中华书局，1999.

[22] 保定市城乡规划设计研究院有限公司. 河北省安新县圈头村传统村落保护发展规划 [Z]. 2017.

[23] 政协井陉县委员会. 井陉历史文化：文物古迹卷 [M]. 北京：新华出版社，2004.

[24] 王用舟. 井陉县志料 [M]. 北京：中国文史出版社，2013.

[25] 李云虎. 井陉古驿道保护研究 [D]. 石家庄：河北师范大学，2013.

[26] 任莳. 天长历史文化名镇历史遗存综合评价与保护利用研究 [D]. 石家庄：河北师范大学，2010.

[27] 葛亮，吕冲. 河北井陉县天长镇国家历史文化名城研究中心历史街区调研 [J]. 城市规划，2014，38（05）：65-66.

[28] 孟祥书. 固义："古商道"上的古村落 [N]. 邯郸日报，2015，10（11）.

[29] 田家兴. 邯郸市冶陶革命旧址的保护和规划利用研究［D］. 邯郸：河北工程大学，2017.

[30] 顾祖禹. 读史方舆纪要·五·河南　陕西：中国古代地理总志丛刊［M］. 北京：中华书局，2005.

[31] 河北省磁县地方志编纂委员会. 磁县志［M］. 北京：新华出版社，2001.

[32] 温小英. 延续地域特色，营造可持续发展的数字城镇——蔚州古城保护与发展研究［D］. 山西：太原理工大学，2005.

[33] 赵小刚，潘莹. 河北蔚县传统村堡建筑特色浅析——以白后堡村为例［J］. 中华民居（下旬刊），2013（12）：126-128.

[34] 陈霞. 蔚县古村落形态特征及再利用方式研究［D］. 邯郸：河北工程大学，2018.

[35] 李源. 蔚县白家庄连环堡保护发展研究［D］. 北京：北京建筑大学，2019.

[36] 阎阳，郭晓君. 鸡鸣驿内部空间秩序与建筑文化浅析［J］. 河北建筑工程学院学报，2016，34（02）：48-51.

[37] 涉县地名办公室. 涉县地名志［Z］. 涉县地名办公室，1984.

[38] 代汝宁. 涉县刘家寨保护与更新研究［D］. 邯郸：河北工程大学，2018.

[39] 李燕. 涉县刘家寨传统聚落与民居研究［D］. 邯郸：河北工程大学，2012.

[40] 邢佳. 邯郸西部山区传统村落空间解析［D］. 邯郸：河北工程大学，2016.

[41] 张宜斐. 邯郸市安子岭传统村落空间研究［D］. 沈阳：沈阳建筑大学，2017.

[42] 张腾. 涉县岭底村传统聚落与民居研究［D］. 邯郸：河北工程大学，2017.

[43] 夏红娟. 历史文化名村保护规划实施效果评价研究——以河北省邢台县英谈村为例［D］. 石家庄：河北师范大学，2015.

[44] 宋玉红. 英谈——中国北方景观古村落［J］. 档案天地，2016（09）：58-61.

[45] 石家庄市城乡规划设计院. 井陉县南横口村传统村落保护发展规划［Z］. 2017.

[46] 李娟. 乡村旅游与农村经济增长关系研究［D］. 保定：河北农业大学，2014.

[47] 薛廷熙. 河北省邢台县皇寺村聚落空间形态及保护策略研究［D］. 济南：山东建筑大学，2014.

04

河北传统村落
空间结构

村落空间结构是支撑起外在形态的内在连接关系，以街巷为构成主体，由村落骨架结构、村落中心以及边界三个部分组成。这三者在地形地貌等自然因素和堡墙等人工因素的干预下，相互作用、相互制约，影响村落整体布局形态。村落作为聚落的初级形式，虽然其空间组织较为简单，但也是由许多原理相通的要素组成，空间轴线便是其中最具控制性的线性要素。[1] 村落的轴线通过公共空间体系与建筑的关系得以显现，是以贯穿全村街巷为主形成的交通组织模式，或是以特定建筑物的营建而产生的空间序列模式。[2] 根据河北传统村落空间中的轴线数量和网络形式，可将各区域内村落空间的骨架结构提炼为单一轴线型、多轴线型、有机网络型、规则网络型和堡墙围合型五大类（图4-1）。

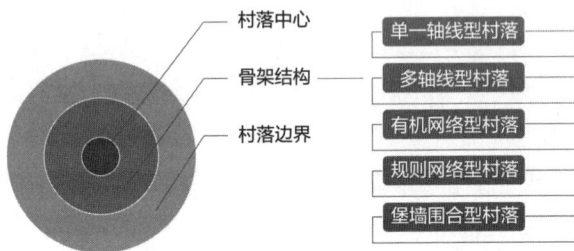

图4-1　河北传统村落的空间结构构成及其骨架结构类型

4.1　单一轴线型村落

单一轴线型村落顾名思义，即村落空间由一条主要的轴线进行串联。此轴线为村落中位于几何中心的主街，或沿等高线爬升形成轴线垂直抬升结构，或平行于等高线形成轴线纵深延展结构。

4.1.1　轴线垂直抬升结构

轴线垂直抬升结构主要出现在具有一定垂直高差的村落，由一条主街直接切等高线连接上下层，次街平行于等高线，向两侧延展（图4-2）。例如井陉亚区于家乡高家坡村，顺坡而建、层层跌落，整体高差达70余米。村落在山坡上沿东西方向延展，体现了山地村落善于顺应山形地势的营建智慧。

沙河亚区的大坪村也属于此类结构。村子坐落在一块三角形的山垴之上，地势由东向西逐渐抬升，一条宽阔的主街在村落中央垂直于等高线贯

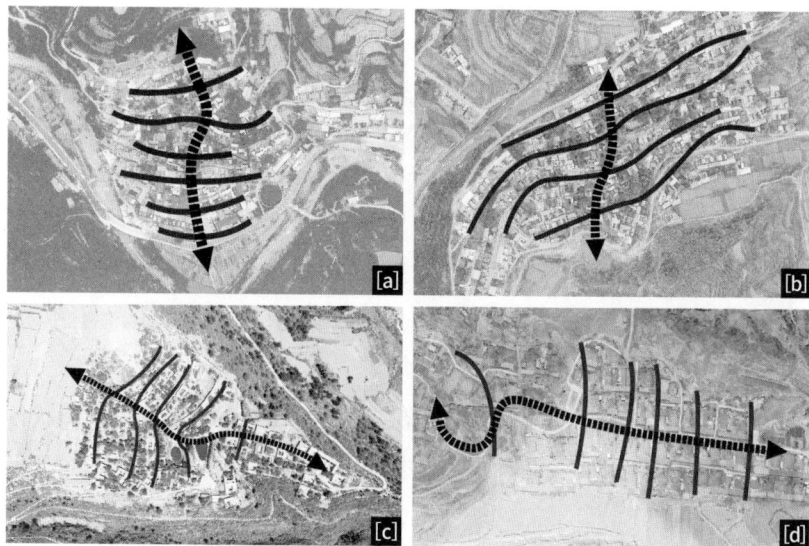

图4-2 轴线垂直抬升结构的典型村落——井陉亚区：小梁江村 [a]、高家坡村 [b]；沙河亚区：大坪村 [c]；怀安–怀来亚区：朱家庄村 [d]

穿全村，连接村落入口、村中各层宅前道路以及村后的山坳梯田。各层院落平行于等高线修建，宅前道路与主街共同构成叶脉形的空间骨架。

在怀安–怀来亚区中，轴线垂直抬升结构出现在线性自然布局的村落中。由于该类型村落主街逐级爬升，在这一过程中，宅前道路垂直于主街、平行于等高线鳞次栉比地伸展开来。

4.1.2 轴线纵深延展结构

轴线纵深延展结构的村落通常分布在山地及丘陵地带，由一条较为鲜明的线性主街贯穿，主街形成的轴线一般平行于等高线，引导着村落向两端纵深发展，建筑群落则在轴线两侧分布（图4–3）。井陉亚区该类型村落的空间结构特征是以古驿道为核心，在周边地形平缓的情况下，向两侧不同程度地扩张。驿道途经的村落交通流量大、经济发展好，村落活动往往聚集在主街上，并向次巷中层层渗透。例如地都村，村落内部的功能分布形成了由主街两侧的商业店铺向民居宅院过渡的格局。主街上人群来来往往，主街外则由动转静，巷道引导村民回到自家的宅院之中。

邢台亚区此类骨架结构的村落有鱼林沟村、英谈村、神头村等。以鱼林沟村为例，村落位于路罗川（古名辘轳川）北侧，村中主路自东南向西北从中心穿过，民居沿东西两面山坡依山就势而建，格局错落有致，层次分明，一条河流自西北至东南穿村而过。又如神头村，村落沿

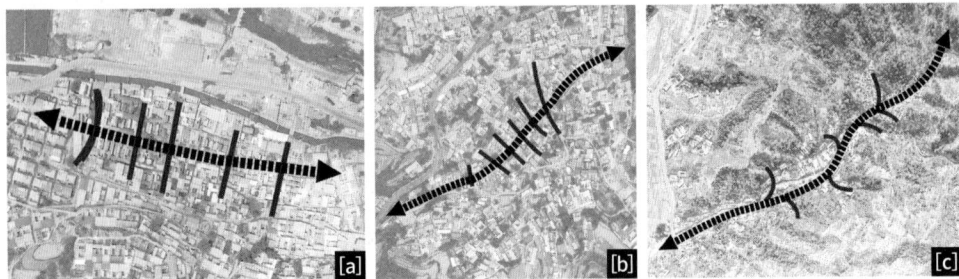

图4-3 轴线纵深延展结构的典型村落——井陉亚区：地都村 [a]、核桃园村 [b]；邢台亚区：鱼林沟村 [c]

着丘陵谷底的河道两侧逐级布局院落，院落因山势的进退而呈现形状各异的斑块，长长的轴线尽端是扁鹊庙。

4.2 多轴线型村落

多轴线型村落中的空间主轴不止一条，且均衡地分布在整体空间当中。根据多条轴线间的角度关系，可细分为平行轴线结构和多轴汇聚结构两类。

4.2.1 平行轴线结构

此类结构村落中的轴线并非为单一轴线纵向发展，而是由多条相互平行的主街引导村落向水平方向生长，成为村落带状布局的主要架构。在垂直于等高线的方向，还修建有数条巷道，用于联系不同高差间的交通。此类结构村落多出现在坡度较缓、大地褶皱少的山麓谷地（图4-4）。如邢台亚区的桃树坪村，村中古建筑主要分布在南北走向的两条河沟（东河沟、西河沟）之间，四大姓氏按族群分布居住，最老的建筑在村中央一带。东西走向的大街将南北走向的20条巷道贯穿，形成了一个非字形结构。村中的生活、生产排水及雨水大体向东南方排除，最终进入村南的南河滩。又如皇寺村，村落以两条东西走向的主街为骨架，其中北侧街道尽端正对玉泉寺，路面宽阔；南侧主街平行于相邻的河道，院落相对整齐地沿主街两侧布局。还有平山亚区的大坪村，其空间结构以平行于滹沱河的西街、中街和后街三条东西走向的街道为主要轴线，又在南北走向上分布有上巷、中巷和西巷三条巷道。"三街三巷"高低错落、纵横交织，奠定了该村空间形态的基础。

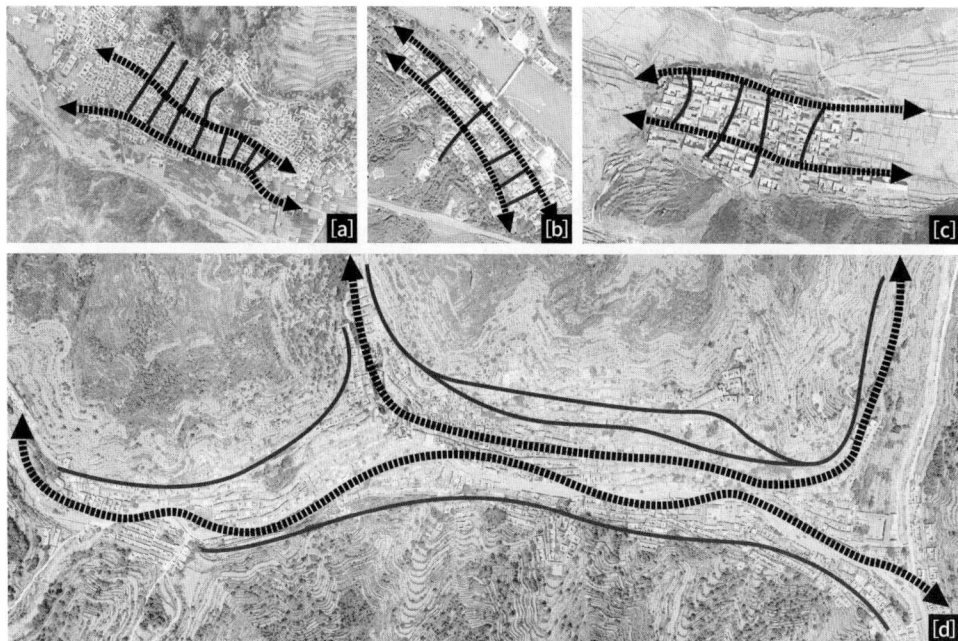

图4-4　多轴线型结构典型村落——邢台亚区：桃树坪村 [a]；平山亚区：大坪村 [b]、大庄村 [c]；邯郸亚区：王金庄村 [d]

平行轴线结构中还有一类极具特点的带状长轴结构，是长谷线性布局传统村落的代表性空间结构，这在邯郸亚区的王金庄村中体现得淋漓尽致。长轴是坐落于谷底的公路，该公路不仅穿越了整个村落，而且通常为村子对外交通联系的唯一方式。在谷底两侧的坡地上，有平行于等高线的若干条主街，共同构成村落的次轴。如此一来，多条平行轴线组合成带状，民居院落分布在轴线之间。

4.2.2　多轴汇聚结构

多轴汇聚结构多产生在邯郸亚区多谷交会布局的村落中，主轴线是位于谷底排洪沟一侧的街道，因为是多条轴线交会，通常民居集中建设在夹角为锐角或者直角的两条主轴之间，由宅前路在其间有机串联，构成下一级结构网络（图4-5）。如平山亚区的九里铺村，村落地处太行山深山区，周边群峰环抱且山势峭拔，溪流从村下穿过，民居组团分散在村域的各个地方。若干条街巷将零散的组团加以串联，成为村落空间的主体构架；其余街巷起到组织民居组团内部交通的作用，通过一条或两条道路与主轴线相接。

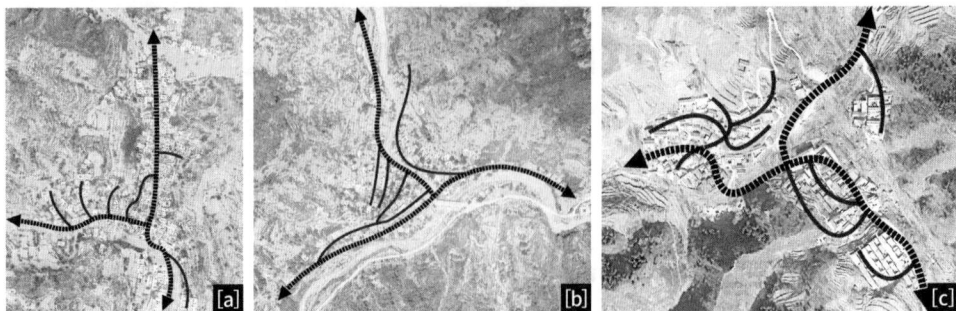

图4-5 多轴汇聚结构的典型村落——邯郸亚区：北岔口村 [a]、南王庄村 [b]；平山亚区：九里铺村 [c]

4.3 有机网络型村落

4.3.1 有机格网结构

有机格网结构的村落主要分布在丘陵地带，往往规模可观。此类村落遵循行列式布局，但因地形的高低起伏导致街巷产生曲折，村中街巷很少能够贯穿全村，且没有突出的等级秩序。村中院落的朝向基本一致，通常是坐北朝南，如遇较大的地形转折，朝向也会统一发生偏转（图4-6）。例如沙河亚区的安河村，由于坡地呈西北-东南走向，村中多数街巷及民居也顺势作了45°偏转。

轴线的主次关系有时会随地形条件不断转变，进而影响院落的顺势修建。以井陉亚区南障城镇的大梁江村为例，该村坐落在谷地行洪河道的北坡上，全村呈东西跨度约710米、南北跨度约690米的有机形态。整个村落分布有上、中、下3条主街，自然生长形成6条街、7条巷、18条胡同，构成相互连通且多变的街巷骨架。[3]

当地形起伏较大时，村落的格网则更为有机，如邯郸亚区的李岗西村，主要街道沿着等高线环绕全村，不同院落组团内形成次级街巷，进一步组织交通。又如冀中片区的刘家庄村，主街随地形起伏转折环绕村落一周，将各个角落衔接起来，成为抵达各个院落的快速通道。在环状主轴内部，不同民居院落依山势灵活布局，连通彼此之间的曲折宅间小道，成为主轴的有效补充。

4.3.2 自由延展结构

这种结构类型的村落常分布于山地，其环境特点是山势多变、坡度陡峭。自由延展结构的主轴线均是村中顺沿等高线的主要街巷，其余结构格网多为主轴间联系不同院落组团的道路（图4-7）。此类空间结构体现出村落对复杂地貌的高度适应性，例如沙河亚区的王硇村和渐凹村，其主要街巷因形就势，串联村中不同区域的院落。

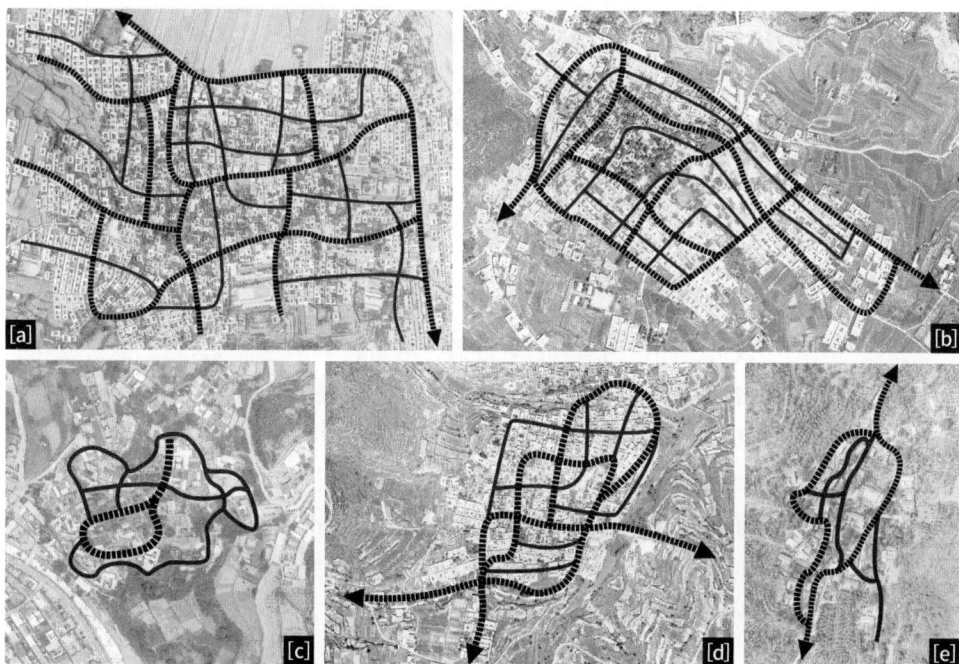

图4-6　有机网格结构的典型村落——沙河亚区：册井村 [a]、安河村 [b]；井陉亚区：大梁江村 [c]；邯郸亚区：李岗西村 [d]；冀中片区：刘家庄村 [e]

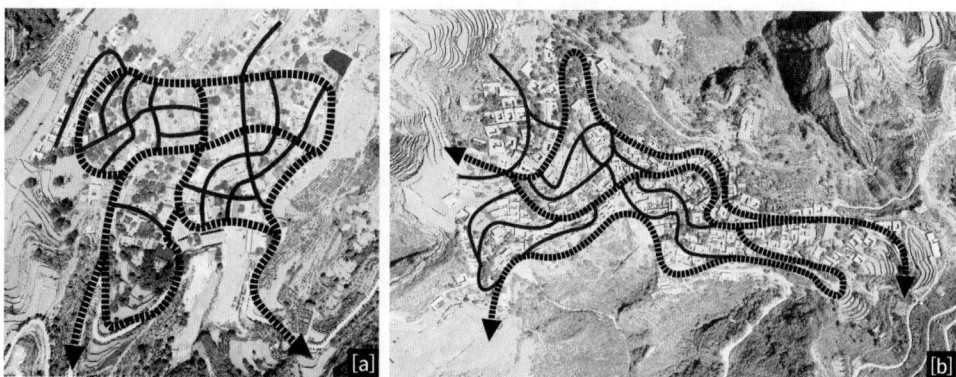

图4-7　自由延展结构的典型村落——沙河亚区：王硇村 [a]、渐凹村 [b]

4.4 规则网络型村落

4.4.1 正交格网结构

正交格网结构主要出现在平原传统村落中，与山地村落较为有机的格网不同，平原村落因其平坦的地形，村落街巷基本都按照正南正北的方向修建，形成的院落组团也比较方正（图4-8）。平原地区优良的发展环境，为村落扩张提供了便利条件。村落中不同时期修建的主要街巷，共同构成了骨架结构的主要轴网；各组团内部道路将组团空间进一步划分，成为结构的次要轴网。

4.4.2 放射格网结构

放射格网结构最具代表性的村落是冀中片区的圈头村，该村地处水淀中较为稀缺的土地之上，村中院落布局极为紧凑，导致此类骨架结构的格网密度比其他类型的格网要高出不少。该村以从老村发散出的若干条主要街巷为主轴，这些主轴不仅穿越外围新村，同时也会进一步通过堤坝路联系村外交通。其余修建在院落组团间细密如蛛网的街巷为结构的次级网络，他们同主轴网一起，向村落的各个边界延伸出去。由于村落的边界是水淀，加之建设面积有限，所有的街巷在边界处均

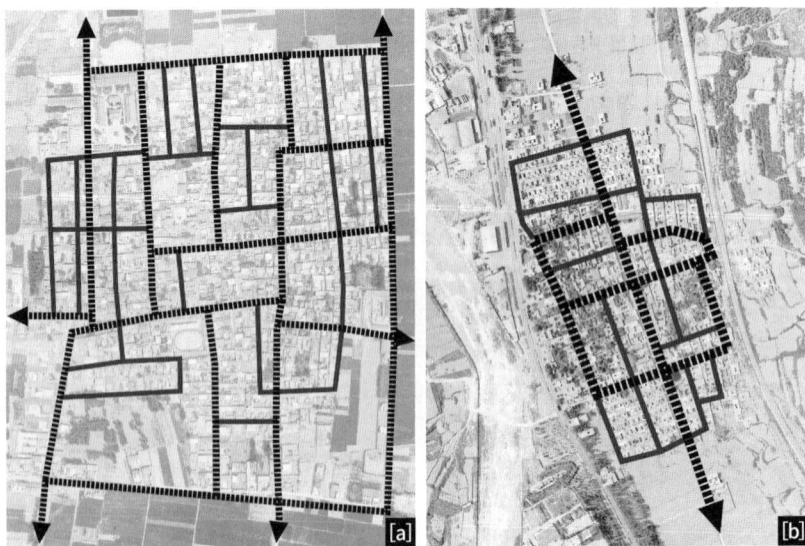

图4-8 正交格网结构的典型村落——冀中片区：国公营村 [a]；邯郸亚区：什里店村 [b]

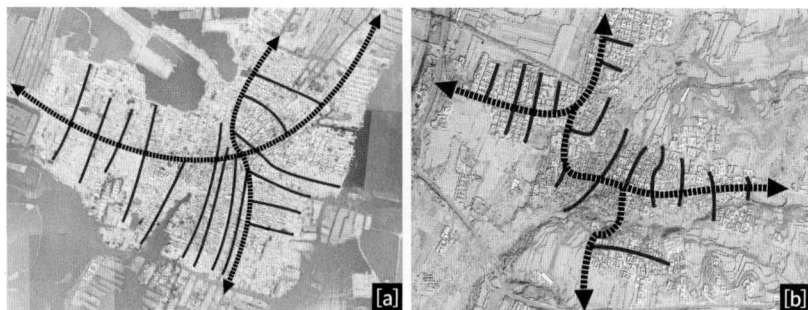

图4-9 放射格网结构的典型村落——冀中片区：圈头村 [a]；邯郸亚区：老鸦峪村 [b]

为断头路，彼此之间没有道路环通，从而形成放射状的空间轴线格局（图4-9）。

再如邯郸亚区白府村，村落最初在一条斜向深沟两侧建造院落，随着深沟被填成为主街，这条轴线的作用得到了强化。当村子需要进一步扩张时，为了将边缘院落成组团布局，在斜向主轴的基础上，又形成了一套南北走向的格网体系。

4.5 堡墙围合型村落

战乱的影响，致使河北省内部分地区的传统村落建立了完整闭合的"堡门-堡墙"防御体系，以守卫村落的安全，进而形成较为规则且独特的骨架结构，可谓是"堡即是村"。具有此类村落结构特性的地区有蔚县亚区、怀安-怀来亚区和井陉亚区；其中，以蔚县亚区的类型最为丰富。

蔚县亚区的传统村落样本几乎都是城堡型，堡墙内空间布局规整，可以清晰地辨识出其受到里坊制的影响。其内部结构更加完善，坊内有一字形或十字形的生活性大道，十字形街道分别朝向东、南、西、北4个方向，在划分出的4个区域内，再设计小的十字街（即十字巷），如此便形成了16个区域。

蔚州城的历史可以追溯至北魏时期；明代蔚州呈现州堡与军卫堡并存的状况，体现出"战兵事，守民事"的"全民皆兵"思想。军卫堡与长城更是有着紧密的关联，是明代北境防卫系统中的重要构成，并且为长城的防卫提供了兵源和补给，如此的防御网络所形成的空间组织结构和城堡营建模式，对于蔚县传统村落的空间组织产生了深刻的影响。根据路网的组织类型，蔚县亚区传统村落的骨架结构主要分为一字形、十字形、丰字形和田字形4种，这4类村落随其规模大小，等级逐级提高。

4.5.1 一字形结构

"一"即每座村堡中都会出现的，与村落入口相连，对空间起绝对统领作用的主街轴线。当村堡规模较小且内部空间简单时，村内的骨架结构仅需一条主街，民居院落紧密地布局在两侧。人群从堡门进入后，通过主街便可直接进入各处建筑。例如白宁堡村，其堡门位于东侧堡墙中部，堡门外正对处坐落着戏楼，一字形轴线自东向西延伸到西堡墙，端点是观音庙和老爷庙（图4-10）。

4.5.2 十字形结构

十字形结构是在一字形结构单向轴线基础上的拓展形式，形成东西、南北两个方向正交的十字形轴线。主街由堡门进入并连接另一端的真武庙，另外两侧堡墙亦由一条街巷连接，将全村划分为4个格局清晰的居住组团。在这两条街巷的交会处，往往会修建精神性建筑，汇聚大量人群活动，成为重要的交往场所。例如大饮马泉村，其堡门位于南堡墙中部，南北走向的主街连接堡门和真武庙，东西走向的街道连接东西堡墙，形成极具辨识度的十字形格局（图4-11）。

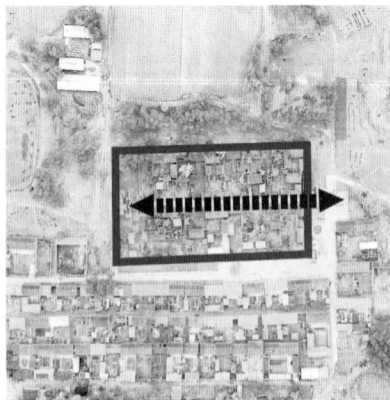

图4-10 一字形结构的典型村落（蔚县亚区：白宁堡村）

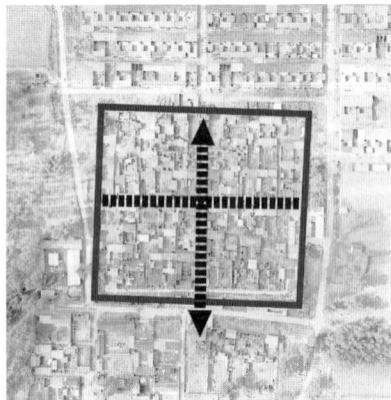

图4-11 十字形结构的典型村落（蔚县亚区：大饮马泉村）

4.5.3 丰字形结构

丰字形结构是中等规模村堡较为常见的空间结构类型。其主要特征在于以堡门进入后的主街为村落中心轴线，与之垂直相交的有若干条次巷，它们共同将村落划分成多个区域。此类型空间结构轴线，因街巷的层级结构而主次分明（图4-12）。例如宋家庄村，其中心主街将北堡墙处的真武庙和南堡墙处的堡门联系起来；垂直于主街，有3条东西贯通的次巷，将内部空间划分成6个部分。随着村落尺度的扩大，"丰"字两侧与主街相连的次巷数量会不同程度地增加，形成近似鱼骨状的规整形态。

怀安-怀来亚区的西沙城村则属于这种结构的变体形式，村落虽有堡墙围护，但布局却顺应地势。村落沿主街由南向北延展，在东西方向逐渐进入深度不等的宅前道路，最终构成有收分的叶脉形空间骨架。

4.5.4 田字形结构

此类结构通常只出现在规模较大的村堡中，也是与里坊制原型最为近似的一种空间结构形态。它与十字形结构最大的区别在于，环绕堡墙设有一圈宽度便于通行的环路。例如西古堡村（图4-13），东西、南北方向的两条主街将村堡划分为4部分。紧贴堡墙内侧的环路与十字形街道相连，最终形成田字形骨架格局，不仅方便村民通行，也方便防御时的人员调动、转移。

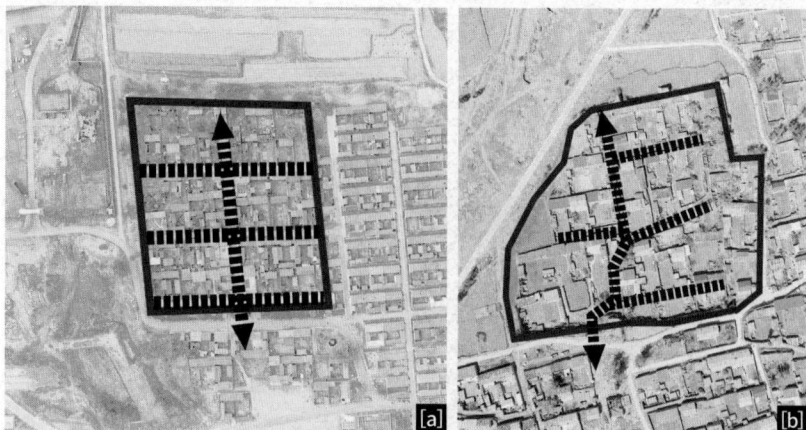

图4-12　丰字形结构的典型村落——蔚县亚区：北方城村［a］；怀安-怀来亚区：西沙城村［b］

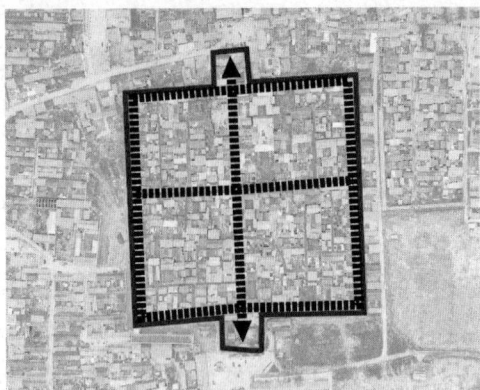

图4-13　田字形结构的典型村落（蔚县亚区：西古堡村）

4.5.5　大型城郭结构

此类村落在历史上多为重要的军事、政治重镇，所筑围合墙体高大坚固，城防体系比较完善（图4-14）。如井陉亚区的天长古城就因其是区域的行政中心，建设有完整的城郭围合格局。古城内外包括三个传统村落——宋古城村、东关村和北关村，道路网络由古城内延伸到古城外。在高大的城墙内，东西走向的主街构成核心轴线，主街向东、向北分别连接城外的东关大街和北关大街。城内的其余街巷与主街垂直相连，构成五街（城内街、南门街、东关街、北关街、城壕街）三巷（台子巷、蔡家巷、卢家巷）的格局。[4]民居和公共建筑在街巷两侧紧密分布，街巷多为单向进出的断头路，在保持空间相对私密的同时，具有较强的防御属性。[5]

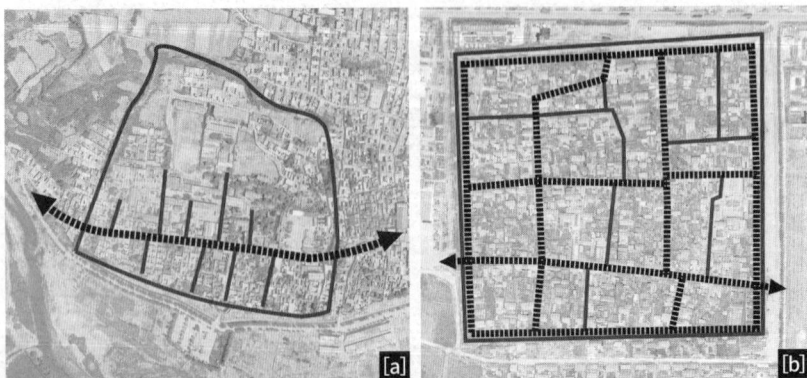

图4-14　大型城郭结构的典型村落——井陉亚区：宋古城村[a]；怀安-怀来亚区：鸡鸣驿村[b]

怀安-怀来亚区的鸡鸣驿村也运用了此类空间结构，其堡墙方形规整、规模宏大。村落的主要道路网络沿东西、南北方向纵横正交，形成井字形结构。值得一提的是，由于都是重要的驿路节点，宋古城村和鸡鸣驿村的主街均是东西走向的驿道，重要的公共建筑也都是沿着驿道两侧延展分布。

4.6　河北传统村落的中心与边界

河北传统村落的中心和边界特征呈现出多样性和独特性。村落中心多依地形与环境特点形成，主要包括分布式中心、线性中心和建筑群中心。分布式中心村落，公共活动点散于主要街巷和水塘周围；线性中心村落，中心多沿主街分布，公共建筑集中于此；建筑群中心村落则围绕大型庙宇或重要建筑形成。村落边界主要分为自然边界和人工边界两类。自然边界主要由山川、河流等自然地貌决定；人工边界则由堡墙、农田等构成，具有防御属性的村落，其人工边界的属性尤其明显。

4.6.1　村落中心

1. 分布式中心

邢台亚区中分布于山地、丘陵的传统村落，因顺沿山沟修建，总体呈线性延展布局，所以没有明确的村落几何中心。村落的诸多公共空间节点多由主要街巷串联，形成不同尺度和吸引力的公共活动聚集点，这些聚集点既有可能是村口的广场，也有可能是村落中心区域古树下的放大节点（图4-15）。

平山亚区传统村落多数呈临水带状格局，几何中心通常是村中平行于等高线的主街。由于适宜建设的土地较为稀缺，村中心没有大面积的广场或围绕水池展开的公共空间，公共生活场所通常被分散在各类历史要素及其周边，形成分布式的活力中心。例如北冶乡黄安村，一条较宽的古巷自西向东贯穿全村，若干株高大的古树散布于其中，不论是夏季乘凉还是冬季晒太阳，树下总能聚集起三五成群的村民。在古巷的东端，较为集中地分布着戏台、阁楼和古井，他们与附近大小不等的街道空间，共同构成了村中集体活动的中心。

沙河亚区的村落多数分布于山地地貌区域，整体呈阵列或带状布局。村落空间规模相对平均，几何中心很少布置大面积的公共空间。除

图4-15　鱼林沟村［a］（邢台亚区）、刘家庄村［b］（冀中片区）鸟瞰

图4-16　安河村［a］、陈硇村［b］（沙河亚区）围绕水塘展开的村落中心

了少数村落的主街可以起到线性公共生活轴线的作用，多数村落主要以水塘为生活中心。为了便于在山地获得生产生活用水，村中或多或少会修建水塘，由此产生了多个人群聚集的主、次中心。较大的水塘可供取水或洗衣，往往最为热闹；较小的池塘则凭借良好的自然环境，吸引村民围绕休憩。环境与位置俱佳、面积较大的水塘周边还会建造庙宇、祠堂等公共建筑，或者利用建筑围合的空间，修整出方便村民聚集活动的广场。

以安河村为例，老村中心的大水塘呈日字形，旁边建有戏台、玉皇庙、圣母庙、龙神庙，甚至村支部等公共建筑，村中的婚丧嫁娶、文艺表演等活动都在此进行。又如陈硇村，在老村中心的水池边有古树、古井、官房和广场，同样成为村民公共生活的中心（图4-16）。

2. 线性中心

对于井陉亚区的多数村落而言，不论是穿越村落的秦皇古驿道，还是垂直于等高线、联络各级高差的主街，都形成了村落的线性中心（图4-17）。诸如楼阁、庙宇、祠堂等公共建筑，多数沿着这条线性中心布局，而建筑前的退让空间，也成为区域内的核心节点。线性中心在一些村落中是平行于等高线的宽敞大街，在另一些村落中则是层层爬升的陡坡山道，体现出村落格局与交通之间无比紧密的联系。

邯郸亚区的传统村落多为行列式布局，空间上很难形成具有明显向心性的几何中心（图4-18）。通常情况下，村落主街构成的线性空间会

图4-17 地都村［a］、高家坡村［b］（井陉亚区）线性中心鸟瞰

图4-18 什里店村［a］（邯郸亚区）、王良庄村［b］（蔚县亚区）、北庄堡村［c］（怀安-怀来亚区）中心鸟瞰

成为村落的公共生活载体，民居院落沿着这条中轴线两侧或有机或阵列排开。基于村落所处地理环境和历史发展特征，除了沿中心线性空间分布的公共建筑，还有与之伴随的公共空间和高大古树，形成人们交往的次级中心。当多条主街交会时，交会点处会形成更具吸引力的村落几何中心。此处通常建设有平坦宽阔的广场，以供村民举行多样的、大规模的集体活动。

蔚县亚区的传统村落有着较为清晰的几何结构，但其几何中心并不承担具体的公共活动职能。在多数情况下，城堡型村落中连接堡门与真武庙的主街尺度较宽，是人员集散、前往各处公共建筑的必经之路，因此也可算作具有一定宽度的传统村落线性中心。

3. 建筑群中心

建有大型庙宇的传统村落，其形成通常与这些精神性场所密不可分。庙宇虽然不一定处在村落的几何中心，但却成为整片区域的引力原点，对区域的持续发展起到积极作用，民居院落也往往会靠近庙宇或在其轴线的延长线上修建（图4-19）。

平原村落快速的规模扩张，使得村落的几何中心不断变化；加之不同时期都会建有不同的公共建筑，并承载不同的集体活动，这也导致村中的各类活力中心分布较为零散。历史上，诸如国公营村的观音禅寺、南腰山村的王氏庄园等具有吸引力的大型院落，成为村落中一种特殊的封闭性中心。这类院落往往是村落发展最大的动力来源，占据核心位置，并给予村民物质和心理上的庇护。但院落不同于广场等开放空间，其内向的空间特质，又会赋予此类中心更多的复杂属性。

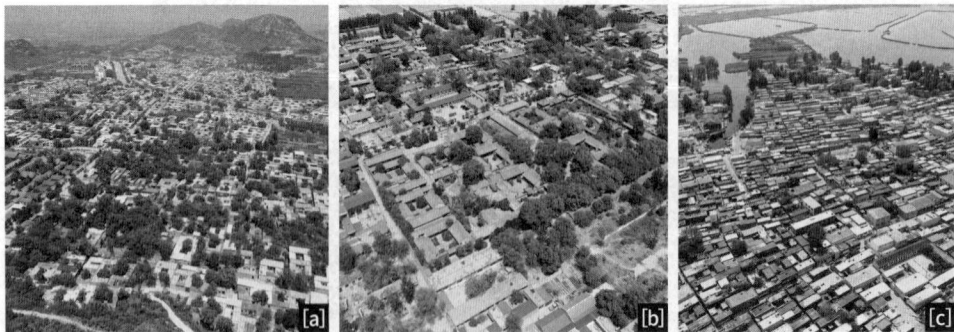

图4-19　皇寺村［a］（邢台亚区）、南腰山村［b］、圈头村［c］（冀中片区）建筑群中心鸟瞰

4.6.2 村落边界

1. 自然边界

河北传统村落的自然边界主要包含山川沟壑、河流水淀、树林等要素，不同地域、地貌村落的自然边界有着较大的差异。山地村落的边界较为模糊，零星的建筑会不同程度地渗透进沟壑中。当村落发展遇到河谷的时候，则会形成清晰整齐的边界，两岸呈现出自然与人工对话的场景（图4-20）。

例如，井陉亚区的绝大多数村落没有清晰明确的自然边界，在地形高差较大的地区，村落会在高差较大处停止扩张；而在地势起伏相对平缓处，村落亦会因为河流的存在而停止扩张。

邯郸亚区传统村落自然形态边界与村落最外围的民居院落常存在一定的高差，一种情况是因为梯田层层向上修建所致；另一种情况是因为沟壑的存在，农田与村落间会产生不同形态和尺度的原生自然过渡

图4-20　圈头村 [a]、和家庄村 [b]（冀中片区）、段家庄村 [c]（怀安-怀来亚区）自然边界鸟瞰

区。边界还具有鲜明的扩展特性，随着村落规模的扩大，边界也会向外拓展，原来的边界则成为内部的街巷。[6] 受自然环境影响，深山区村落边界扩展的规模远不及丘陵地区的村落。因为耕地稀缺，以及村落发展到稳定阶段，人口与建筑密度相对饱和，村落边界会逐渐固定下来。

平山亚区传统村落的自然边界是村脚下流经的滹沱河及其支流。有意思的是，由于河道地势平缓，而山体起伏较大，平山亚区传统村落的自然边界往往比梯田和林地构成的人工边界更加规整。

而冀中片区圈头村四面环水的格局决定了其自然边界是白洋淀的水体，为了防止水患，驳岸多已采用人工硬化或种植植物的方式进行加固。该村周遭的岸线十分曲折，部分将水道引入村落内部，部分与芦苇田相接，部分修建码头。村民与白洋淀的各类直接互动均在村落边界处发生，并逐渐向水淀中延伸。

蔚县亚区的村堡因其极强的防御属性，鲜少依靠自然边界。而怀安-怀来亚区除防御型村落外，如段家庄这类不设堡墙的自由形态村落，民居与自然地貌互动，形成了自然边界。

2. 人工边界

河北传统村落人工边界的常见要素有堡墙和农田等。井陉亚区的宋古城村是一处颇有研究价值的堡墙边界样本。古城结合地貌，筑有清晰的梯形格局城墙，围合出明确的聚落边界。但随着历史演进，诸如东关村、北关村逐渐在城外生长，成为村落功能的延续和补充（图4-21）。

蔚县亚区的城堡型村落由格局完整、形态方正的夯土墙围合而成，构成了极为清晰的边界。这些堡墙的修建符合《乡约》中"然大不如小，小则坚；直不若曲，曲则易守"的原则[7]，并遵循"阔与上倍，高与下倍"的高宽比要求，即堡墙底部的宽度是堡墙顶部宽度的二倍，堡墙的高度是其底部宽度的二倍。蔚县亚区的许多村落选址在台地上，台地的边界进一步形成了村落边界。堡墙不仅是空间边界，实体防御功能的承载者，同时也是村民心理上的安全边界，由此形成了蔚县传统村落极具辨识度的空间特质。该地区村堡的发展不会打破堡墙本身，任何扩建的行为都会在其外部展开。庙宇和戏楼等具有公共功能的建筑，会被布局在堡门外正对或者两侧的位置，而居住、管理功能的建筑，从未离开过堡墙的庇护。农田多分布在村堡所处台地的四周，但堡墙不会为便利生产和生活，而开设堡门之外的次要出入口。村堡对北墙的营建格外重视，不仅在高度上超过东、西、南三面近2丈，在宽度上增加了1.5倍，而且会配合真武庙，形成防御的制高点和核心区。

图4-21 宋古城村 [a]（井陉亚区）、国公营村 [b]（冀中片区）、大固城村 [c]、上苏庄村 [d]（蔚县亚区）人工边界鸟瞰

怀安–怀来亚区传统村落的人工边界则以鸡鸣驿、东沙城村、西沙城村为代表，院落沿着主街向四周修建，遇到堡墙即止，形成规整的边界。

邯郸亚区传统村落的边界主要分为与农田（主要是梯田）有机相接的有机形态边界，以及具有防御属性的人工形态边界，例如原曲村、固新村这类由券门界定出清晰村落边界的规整形态村落。

沙河亚区村落与山地的紧密关系，自然决定了村落的人工边界会不同程度地受到地形制约。在山垴和山坳上，村落边缘的院落与层层梯田彼此进退交错，而梯田则有着清晰的边界——即陡峭的峡谷；分布于山沟中的村落，通常三面被梯田或山林环抱，一面邻近沟底的河道，人工边界形态也较为自然有机。分布于山麓和丘陵地带的村落，其边界与梯田也是有机相交。不同点在于，这些地区地形平缓、村落面积更大，梯田在很多情况下会成为连接邻近村落的大地肌理，进而产生一种边界不断延伸的景象，村落间的距离也因此变得更近。平山亚区传统村落的人工边界亦多为村后的梯田和林地，这两种边界在村落延展布局的两端相交，围合出清晰的村落形态（图4-22）。

冀中片区传统村落的人工边界规则、清晰、开放，村落之外有大片

图4-22 彭硇村［a］、通元井村［b］（沙河亚区）边界鸟瞰

农田，与紧凑的村落肌理形成鲜明对比。在最外围民居院落之外，一路之隔，便是大片的平原农田。相邻村落间也很少出现向外蔓延的情况，村落都尽可能保持田地的完整、成片，以便于开展规模化的耕种。

4.7 本章小结

本章从河北传统村落不同类型的整体布局中提取出村落骨架结构，根据空间轴网的特征，归纳为单一轴线型村落、多轴线型村落、有机网络型村落、规则网络型村落、堡墙围合型村落5类。其中，单一轴线型村落、多轴线型村落主要为地形起伏较大的山地村落；有机网络型村落则以褶皱多变的山地、丘陵村落为主，这三类空间结构的主轴通常是蜿蜒转折的等高线。而规则网络型村落多为平原或者平缓丘陵地区的村落，其轴网相对均衡、贯穿，体现了交通便捷地区的村落不断向外拓展的特质。堡墙围合型村落因严峻的防御形势而产生，在蔚县亚区、怀安-怀来亚区和井陉亚区均有分布。受地形变化影响，河北传统村落鲜有明确的几何中心，主要有分布式中心、线性中心、建筑群中心3类。村落自然边界要素包括山川沟壑、河流水淀、树林等；村落人工边界要素包括农田、堡墙等。

参考文献

[1] 王建国. 城市传统空间轴线研究 [J]. 建筑学报，2003（05）：24-27.

[2] 唐子来，张辉，王世福. 广州市新城市轴线：规划概念和设计准则 [J]. 城市规划学刊，2000（03）：1-7+79.

[3] 葛亮，余雪悦. 河北井陉大梁江古村落国家历史文化名城研究中心历史街区调研 [J]. 城市规划，2013，37（06）：63-64.

[4] 李国明. 古镇的保护与开发利用探讨——以井陉县天长镇为例 [D]. 石家庄：河北师范大学，2008.

[5] 葛亮，吕冲. 河北井陉县天长镇国家历史文化名城研究中心历史街区调研 [J]. 城市规划，2014，38（05）：71-72.

[6] 邢佳. 邯郸西部山区传统村落空间解析 [D]. 邯郸：河北工程大学，2016.

[7] 尹耕. 乡约·塞语 [M]. 上海：商务印书馆，1936.

05

河北传统村落
公共空间

公共空间是不限于经济或社会条件，任何人都有权进入的地方。传统村落的公共空间，指村落建筑实体间存在着的开放空间，是村民进行公共交往，开展不同类型活动的开放性场所。由于河北传统村落普遍较为紧凑，街巷成了公共空间的主要组成部分。同时，生产、生活、通行、防御、信仰、文化等不同的功能需求，还造就了诸多节点空间，这些空间被街巷串联，通常由公共建筑与附属空间共同构成，极大地丰富了传统村落的公共生活。因此，本章将从街巷空间和节点空间两个方面，分析河北传统村落公共空间所具有的特征。

5.1 河北传统村落街巷空间

根据街巷在河北传统村落中的功能层级，可以将其划分为巷道空间、主街空间以及其他街巷空间三类。巷道空间的尺度相对紧凑；主街空间则因选址不同、修建年代不同，而在空间感知上产生差异，可以将其细分为舒适型、宽敞型、空旷型三类。其中，位于边界或堡墙上部的街巷空间具有一定的特殊性，可将其归为其他街巷空间。

5.1.1 巷道空间

巷道空间是河北传统村落街巷的主要组成部分，承担着连通村内各区域以及宅前入户的功能，是遍布各处的毛细血管。此类街巷的宽度普遍较小，为1.5～3米，整体空间体验较为紧凑，甚至局促（表5-1）。[1]

河北传统村落典型巷道空间剖面与实景图　　　　　　表5-1

亚区	剖面图	实景图	样本村落及其空间特质
井陉亚区	3.3米　3米　4.5米		样本村落：于家村；空间特质：紧凑、多变
	3.4米　2.7米　7.7米		样本村落：大梁江村；空间特质：紧凑、丰富

亚区	剖面图	实景图	样本村落及其空间特质
			样本村落： 小梁江村； 空间特质： 紧凑、安静
井陉 亚区			样本村落： 地都村； 空间特质： 狭窄、压迫
			样本村落： 大梁江村； 空间特质： 多变、局促
			样本村落： 鱼林沟村； 空间特质： 紧凑、丰富
邢台 亚区			样本村落： 鱼林沟村； 空间特质： 紧凑、多变
			样本村落： 茶旧沟村； 空间特质： 狭窄、曲折

亚区	剖面图	实景图	样本村落及其空间特质
邢台亚区			样本村落： 皇寺村； 空间特质： 压迫、狭长
			样本村落： 黄粟山村； 空间特质： 压迫、单调
			样本村落： 白府村； 空间特质： 紧凑、仪式
邯郸亚区			样本村落： 什里店村； 空间特质： 封闭、亲切
			样本村落： 北岔口村； 空间特质： 紧凑、多变
			样本村落： 北岔口村； 空间特质： 封闭、多变

亚区	剖面图	实景图	样本村落及其空间特质
	6.8米 3.4米 2.5米		样本村落： 绿水池村； 空间特质： 狭窄、封闭
沙河亚区	6.8米 6.8米 2.4米		样本村落： 渐凹村； 空间特质： 压迫、单调
	2.2米 3米		样本村落： 陈硇村； 空间特质： 紧凑、亲切
平山亚区	1.2米 2.8米		样本村落： 九里铺村； 空间特质： 丰富、亲切
	3.3米 2.5米		样本村落： 黄安村； 空间特质： 紧凑、单调
冀中片区	4.1米 4.1米 1.4米		样本村落： 圈头村； 空间特质： 狭窄、压迫

亚区	剖面图	实景图	样本村落及其空间特质
冀中片区	（3.3米、2.5米）		样本村落：刘家庄村；空间特质：紧凑、丰富
	（4.5米、2.8米、3.3米）		样本村落：刘家庄村；空间特质：多变、紧凑
蔚县亚区	（2.8米、3.5米、3.3米）		样本村落：大饮马泉村；空间特质：紧凑、封闭
怀安－怀来亚区	（3米、2.5米）		样本村落：段家庄村；空间特质：紧凑、安定
	（2.1米、3米）		样本村落：段家庄村；空间特质：压迫、紧凑
	（3.8米、1.4米、5.4米）		样本村落：鸡鸣驿村；空间特质：局促、压迫

注：龙林格格绘/摄。

井陉亚区村落的巷道两侧为1层到2层不等的民居，巷道宽度为1.8～3米，给人以狭窄、逼仄的感受；当两侧建筑因高差而产生丰富的层次时，这种压迫感会得到一定程度的缓解。邢台亚区村落的巷道宽度为1.5～1.8米，遍布于宅院之间，将各家各户联系起来。虽然街巷两侧的建筑以一层为主，少量为二层，但当街巷垂直于等高线修建，通过台阶联系不同高差的院落时，空间体验更加多变。这些紧凑型街巷成为邢台亚区村落最具代表性的街巷空间类型，比井陉亚区村落的山地街巷更具有层次变化。

邯郸亚区村落的院落间狭窄小巷的宽度为1.7～3.5米，两侧建筑多为单层，高度约4米，院落组群布局比较规整，街巷干净利落，几乎没有多余的空间要素，其宽度仅供一两个人并行通过。部分村落修建了拱形巷门，使空间仪式感有所增强。

沙河亚区中空间压迫感极强的街巷，多分布在用地紧张的山地村落，其宽度为2.5米左右，两侧多为高度超过6米的二层民居，空间鲜有进退变化，抬头仅可看见狭长的天空。另一类是比较常见的村落街巷，宽度为3～4米，两侧为高度3～5米的单层坡屋顶或平屋顶建筑。虽然整体较为封闭，但因微地形富于变化，穿插有平台、台阶、影壁等一系列点缀性空间要素，空间体验相对亲切。

平山亚区的巷道宽度为1.5～2.5米，两侧分布的是单层建筑或台地，与其他地区略有不同。因许多巷道穿越等高线作垂直爬升，建筑为了适应街巷的高差变化，修建有石砌平台，建筑相对街巷高度略微抬升，由此产生的空间变化，可以消解狭窄空间的局促感。

冀中片区村落的通过型巷道宽度为1.4～2.8米，两侧分布的均为高度在4米左右的民居。不同地貌村落的区别在于，平原村落中的巷道两侧建筑没有高差，空间围合感较强；山地村落中的巷道，其两侧建筑往往修建在不同标高的台地上，因此低矮一侧的街巷空间产生了通透感。

蔚县亚区的传统村落整体空间格局具有较高的相似性，使得各村落街巷空间类型也较为趋同。次巷即各院落的入户路径，与主街垂直相交，宽度平均为3米左右。通常一侧为2.5米高的院墙，另一侧为坡屋顶正房的背墙。

怀安-怀来亚区村落的巷道宽度为1.4～2.6米，多为村落中的宅间小道，两侧或是单层建筑，或为院落围墙，高度为3～5米，如果遇上地形高差，临街建筑或院墙的距地高度会进一步加大。

5.1.2 主街空间

河北传统村落主街不同的比例尺度组合，会给人营造出不同的空间体验，概括而言，可分为舒适型街巷、宽敞型街巷和空旷型街巷三类。

1. 舒适型街巷空间

舒适型街巷多出现于山地、丘陵地貌的传统村落当中，因用地紧张，或建成年代较为久远，其宽度通常为4～5米（表5-2）。

河北传统村落典型主街（舒适型街巷）空间剖面与实景图　　　　表5-2

亚区	剖面图	实景图	样本村落及其空间特质
井陉亚区			样本村落： 地都村； 空间特质： 安定、仪式
			样本村落： 大梁江村； 空间特质： 丰富、安定
邢台亚区			样本村落： 英谈村； 空间特质： 宽敞、舒适
			样本村落： 神头村； 空间特质： 安定、宜人

亚区	剖面图	实景图	样本村落及其空间特质
邢台亚区			样本村落： 茶旧沟村； 空间特质： 亲切、安定
			样本村落： 原曲村； 空间特质： 仪式、安定
邯郸亚区			样本村落： 南王庄村； 空间特质： 安定、舒适
			样本村落： 白府村； 空间特质： 舒适、丰富
沙河亚区			样本村落： 樊下曹村； 空间特质： 仪式、安定
			样本村落： 陈硇村； 空间特质： 舒适、安定

亚区	剖面图	实景图	样本村落及其空间特质
沙河亚区			样本村落： 陈硇村； 空间特质： 多变、舒适
蔚县亚区			样本村落： 大饮马泉村； 空间特质： 仪式、封闭
			样本村落： 西古堡村； 空间特质： 开敞、亲切
怀安－怀来亚区			样本村落： 鸡鸣驿村； 空间特质： 安定、舒适
			样本村落： 东沙城村； 空间特质： 安定、多变
			样本村落： 麻峪口村； 空间特质： 安定、单调

注：龙林格格绘/摄。

井陉亚区村落此类街巷的空间体验相对舒适，宽度为4~8米，多为村落街巷的骨架，有时还会穿越修建在驿道上的阁。两侧建筑多为单层，行走于其中，仪式感较强。邢台亚区村落宽度在4米左右的主街，两侧常修建有一二层高的建筑或排洪沟，空间体验较为宽敞舒适，围合感较强，却不压迫。

邯郸亚区，传统村落主街宽度通常为3~4米，空间包括院落后退产生的入口空间、被台地包裹的石碾空间，以及贯穿全村的泄洪空间。这些要素使得原本狭窄的街巷产生了节奏性的变化，空间中可容纳通行、交往、劳作等多种行为。

沙河亚区，传统村落主街宽度约为4米，两侧建筑的高度亦不超过4米，空间适宜、安定。

蔚县亚区，传统村落主街的宽度为4.5~8.6米，两侧单层建筑的高度约为4~5米。主街两侧都是院墙，即使街巷较宽，仍会产生较强的封闭感。

怀安-怀来亚区村落的此类街巷宽度为3.2~4.8米，两侧建筑高度基本不超过6米，体验较为安定、舒适。但两侧空间变化不多，步行于其中，难免会产生单调感。

2. 宽敞型街巷空间

宽敞型街巷多与村落规模和等级有关，或因村落地处丘陵、河川、平原地貌，拥有充裕的营村空间，平均宽度为6~9米（表5-3）。

河北传统村落典型主街（宽敞型街巷）空间剖面与实景图　　　　表5-3

亚区	剖面图	实景图	样本村落及其空间特质
井陉亚区			样本村落： 宋古城村； 空间特质： 宽敞、仪式
邢台亚区			样本村落： 皇寺村； 空间特质： 开阔、舒适

亚区	剖面图	实景图	样本村落及其空间特质
邯郸亚区			样本村落： 南王庄村； 空间特质： 安定、开阔
			样本村落： 什里店村； 空间特质： 空旷、安定
冀中片区			样本村落： 国公营村； 空间特质： 丰富、开敞
			样本村落： 冉庄村； 空间特质： 宽敞、仪式
蔚县亚区			样本村落： 北方城村； 空间特质： 仪式、宽敞
			样本村落： 钟楼村； 空间特质： 宽敞、安定

亚区	剖面图	实景图	样本村落及其空间特质
蔚县亚区			样本村落： 北方城村； 空间特质： 安定、宽敞
			样本村落： 钟楼村； 空间特质： 丰富、宽敞
怀安－怀来亚区			样本村落： 鸡鸣驿村； 空间特质： 仪式、宽敞
			样本村落： 鸡鸣驿村； 空间特质： 宽敞、舒适
			样本村落： 朱家庄村； 空间特质： 宽敞、单调

注：龙林格格绘/摄。

　　井陉亚区的宋古城村主街具有一定的代表性，作为具有较高规模、等级的古代城镇的主街，又是驿道所在，其宽度达到了9米。两侧以单层建筑为主，二层建筑零星分布，街巷空间具有较强的水平延展感。结合公共建筑和公共空间修建的街巷，使人在其中产生了疏朗、宽阔的空间感受；即使两侧有二层建筑，也不会有明显的压抑感。

邢台亚区传统村落的此类型街巷宽度在10米左右，多为与山地台地公共空间相结合的主街，或者是坐落在庙宇等历史遗迹轴线上的平原村落主街。

邯郸亚区传统村落宽度为4.5～9.5米的主街两侧分布有民居以及庙宇、戏台等公共建筑，还有不同标高的台地，可以承载村中的各种公共活动，空间体验开敞且不单调。

沙河亚区，常见的村落主街宽度在9米左右，结合不同的公共空间或景观要素，产生进退收缩。两侧由一二层高的建筑组成，营造出松快的空间感受。当街巷与自然环境相融合时，宽度为3～7米，至少一侧融入水塘、稻田、山谷等村落景观要素，形成完全开放的自然空间，给人以开敞、舒适的空间体验。

冀中片区平原村落的主街，宽度平均为7.5米，两侧多有建筑围合，建筑高度为4～7米。此类街巷时常聚集大量人群在此活动，当开办集市时，建筑前摆设的密集摊点会使空间变得杂乱而拥挤；当没有密集人流活动时，空间略显空旷；加之平原村落街道笔直延伸，纵深感较强。

蔚县亚区传统村落比较特殊，尺度符合这一标准的街巷有两种情况：其一，结合公共建筑，形成空间扩大的街巷节点，通常一侧是民居院落，另一侧为戏台、庙宇等公共建筑，建筑前还会有尺度不等的开放空间，成为街巷空间的延伸；其二，邻近南侧城墙的院前巷道，不少村落中此类巷道的宽度达到了10米，相较其他入户巷道的宽度要大许多。由此可见，蔚县村堡从院落到整体均呈现上紧下松的空间特质，即建筑物在北侧集中布局，南侧多为墙体，留出充裕的空间。即使像卜北堡村这样坐落在冲积台地上，利用高差进行防御的特殊村落类型，依然遵循了上述原则，最南侧街巷具有较为宽阔的空间特征。

怀安-怀来亚区，宽度为7～10米的村落主街，两侧亦是单层建筑，高度为3.5～5.5米，活动空间宽敞充足。

3. 空旷型街巷空间

空旷型街巷仅在少量地区的村落中有所分布，基本是近些年来修建的对外连通的公路，尺度宽阔，在可供车辆通行的同时，兼顾村民的步行或摩托车骑行，平均宽度大于10米（表5-4）。

邯郸亚区的王金庄村是此类街巷的典型案例，一条坐落在山谷谷底的宽阔公路穿村而过，这条道路既是村落对外联络的交通要道，又是村落南北两个片区衔接的轴线，11.5米的平均宽度可供行人及交通工具通

亚区	剖面图	实景图	样本村落及其空间特质
邯郸亚区			样本村落： 王金庄村； 空间特质： 仪式，丰富
冀中片区			样本村落： 北康关村； 空间特质： 开敞、舒适

注：龙林格格绘/摄。

行；同时，还修建有排水渠，以应对夏季暴雨。此类街道的空间感较为开阔；但因两侧建筑多为二层，且顺应山坡逐层修建，置身其中，层层叠叠、逐级上升的院落群还是会令人产生一定的压抑感。

与此同时，冀中片区不少村落中的穿村公路，出于车辆通行的需求，其宽度在10米以上，路侧还种植有高大连续的行道树，偶尔分布有不同类型的公共空间。道路两边是不同年代修建的院落群，一侧是老村老屋，另一侧则是近些年修建的新村新房。

5.1.3　其他街巷空间

当街巷位于村落边界时，往往拥有丰富的景观与无限延伸的空间体验。平山亚区，分布在村落边界的一些街巷，宽度为2.5～4.5米，一侧为台地民居，另一侧为空间开敞的村边河谷，或架设在河谷上的石桥，桥面作为街巷的延伸，被自然空间所环抱（表5-5）。

冀中片区，环绕在村落边界的街巷，常见宽度为3.5～5.6米，其一边为民居，另一边视村落所在地貌而定。平原村落的另一侧为广袤延展的麦田，水淀村落的另一侧是碧波荡漾的水面，而山地丘陵村落多为层层爬升的梯田和山体。

怀安-怀来亚区，以鸡鸣驿村为例，村落被周长约1892米的高大城墙所围合，城墙上下产生了极具特色的街巷空间。城墙高约11米，墙

亚区	剖面图	实景图	样本村落及其空间特质
井陉亚区	9米		样本村落： 乏驴岭村； 空间特质： 丰富、开阔
邢台亚区	3.3米　10.5米		样本村落： 英谈村； 空间特质： 开敞、多变
沙河亚区	4.7米		样本村落： 安河村； 空间特质： 开敞、舒适
沙河亚区	6.8米　2.9米		样本村落： 渐凹村； 空间特质： 开阔、宜人
	6.8米		样本村落： 安河村； 空间特质： 舒适、开阔
平山亚区	6米　4.5米		样本村落： 九里铺村； 空间特质： 开阔、宜人

亚区	剖面图	实景图	样本村落及其空间特质
平山亚区			样本村落：九里铺村；空间特质：开敞、舒适
冀中片区			样本村落：国公营村；空间特质：开放、舒适
			样本村落：圈头村；空间特质：宜人、开阔
			样本村落：刘家庄村；空间特质：丰富、宜人
蔚县亚区			样本村落：卜北堡村；空间特质：开放、安定
怀安－怀来亚区			样本村落：鸡鸣驿村；空间特质：丰富、宽敞

注：龙林格格绘/摄。

体断面呈底部宽8～11米、顶部宽3～5米的梯形。城墙内侧修建有一圈可供通行的街道，宽度为5米左右，其对侧坐落着城中高度不等的单层建筑。此外，城墙顶端也可作为环绕全城的"快速路"，具有绝佳的视野，人步行于其上，可以同时观察城内外的情形。

5.2　河北传统村落街巷界面

5.2.1　街巷底界面

河北传统村落街巷的底界面是由不同材质的铺装路面、排水设施和起伏程度不同的地形所构成（图5-1）。

井陉亚区、邯郸亚区、沙河亚区传统村落的街巷底界面多以石板或碎石块铺成，部分街巷为了通车方便，使用水泥硬化路面。山地、丘陵村落的路面随坡就势、蜿蜒曲折地穿梭在村落中。邯郸亚区和沙河亚区的不少村落为排水需要，在街巷中央或者一侧开挖了排水渠，串联全村，将水引入池塘，成为底界面的重要组成部分。因特殊的嶂石岩地貌，邢台亚区村落街巷的底界面多由不规则的石板铺砌，由于地形复杂多变，街巷间会有坡道和大量台阶顺应地势起伏变化，衔接不同高差的地坪。冀中片区的平原村落与其他地区基本相同，多以砖石或水泥铺砌路面。

蔚县亚区的城堡型村落，各界面的构成要素较为简单。就底界面而言，多为长方形条石铺砌的路面，部分路面已年久失修。居住人口较少的村落，则是采用未硬化的泥土路面。除了北官堡村，其余村中鲜有明显高差，路面笔直而平整。怀安-怀来亚区传统村落的街巷底界面，在历史信息保存较好的村落，依然可见石板铺砌的路面；其他村落则为水泥硬化路面或裸露的黄土路面，地形相对平坦，街巷没有太多起伏。

图5-1　当泉村［a］（井陉亚区）、冉庄村［b］（冀中片区）、段家庄村［c］（怀安-怀来亚区）街巷底界面

5.2.2　街巷侧界面

　　侧界面可谓是河北传统村落街巷空间中内容最为丰富的组成部分，有着多样的构成要素和建造材质，他们在基于比例尺度塑造出的空间体验的基础上，赋予街巷更为细致的质感（图5-2）。

　　井陉亚区传统村落街巷侧界面的构成要素包括建筑的正立面（开设门窗）、建筑山墙、院落围墙，这些墙体由砖、石、夯土等材料砌筑；还包括坡道、台阶、边界景观等，这些要素对于实现空间的多样性起到了积极作用。值得一提的是，驿道所在的主街两侧为商铺，其侧界面有着更好的开放性。

　　邢台亚区传统村落的街巷侧界面以高度不等、砌筑方式不同的建筑墙面为主，嶂石岩地貌所产生的特殊红石带来了特别的视觉感受。此外，不少山地村落街巷的单侧会修建排洪沟或其他开放空间，视野相对开阔。

　　邯郸亚区传统村落的街巷侧界面主要由砖石及夯土院墙、建筑门窗和各类公共空间交替组成。多进院落会在临街侧院的墙上开门，以供人独立出入，单进院落在南侧开大门。

　　沙河亚区、平山亚区传统村落的街巷侧界面除了常见的砖石墙、夯土墙、民居门窗、公共建筑、石砌台地等人工要素外，还有水塘、梯田等生产生活要素和河沟、灌木等自然环境要素。界面空间的封闭感与开放感并存。

　　冀中片区传统村落的街巷侧界面构成要素是河北全域最为丰富的，不仅包含砖石墙、院落门窗、台地、集市、公共建筑及设施等人工要素，还包含农田、梯田、水体、山林等多种环境要素。由于多种地形地貌的存在，这些侧界面要素在不同层次上多元组合，产生了因高就低、虚实藏露等多样化特征。

图5-2　桃树坪村 [a]（邢台亚区）、白府村 [b]（邯郸亚区）、北盆水村 [c]（沙河亚区）街巷侧界面

蔚县亚区传统村落街巷侧界面的构成要素包括砖砌或夯土墙面以及院落入口。出于防御的需求，村落街巷侧界面总体呈现较为封闭的空间特质；除公共建筑外，民居院落院墙不开窗，且仅有院门可供进出。部分商业繁荣的村落，主街侧界面则因店铺经营、公共建筑林立，而具备较强的公共性和互动性。

怀安–怀来亚区传统村落的街巷侧界面构成要素与蔚县亚区传统村落相仿。总体而言，这一地区院落空间的内向性，使得街巷侧界面并未出现大量的开放属性建筑；仅在鸡鸣驿村的几条主街上，有沿街开放的公共建筑。

5.2.3　街巷顶界面与景界面

因地理与气候的差异，河北传统村落中的树木生长情况南北差异显著，太行山区村落中树木繁茂，而冀西北村落中树木生长稀疏；加之多数村落中少有形制较高的建筑，传统村落的顶界面总体较为单调（图5-3）。

井陉亚区传统村落的街巷顶界面包含建筑出檐、树冠等常见要素，以及阁的拱顶等具有较强辨识度的要素。邢台亚区传统村落的树木更为茂盛、高大，其街巷界面往往被树荫覆盖，围合感较强。

邯郸亚区、沙河亚区、平山亚区传统村落的街巷顶界面亦是高大树冠、临街建筑的瓦顶出檐，以及少量阁的石拱券。冀中片区传统村落坡屋顶建筑数量较少，其街巷顶界面构成要素主要是遮阴树冠。而蔚县亚区传统村落的顶界面比较特殊，因村中并没有太多树木，走在街巷中总能一眼看见天空。怀安–怀来亚区传统村落中坡屋顶建筑的挑檐通常比较小，对街巷上部空间的影响较小。

景界面作为街巷纵深方向正对视线的景物，常常随着路面的起伏转

图5-3　七狮村［a］（井陉亚区）、鱼林沟村［b］（邢台亚区）、史家堡村［c］（蔚县亚区）街巷顶界面与景界面

折而步移景异，时而一览无余，时而若隐若现，增添了游弋的乐趣。景界面的构成要素多为人工构筑物，包括建筑、墙体、堡门等，如在蔚县亚区传统村落的主街轴线上，两端高耸的城门和真武庙会形成较强的视觉遮蔽，成为一种对街巷产生特殊影响的景界面构成要素。当街巷尽端位于村落边缘时，能够望见优美的自然景色，如沙河亚区村落边界的连绵远山，以及冀中片区村落边界一望无边的农田。

5.3　河北传统村落节点空间

依据空间所承载的功能，可将河北传统村落节点空间归纳为生产性节点、生活性节点、通行与防御性节点和精神与文化性节点4类。

5.3.1　生产性节点

1. 石碾石磨

河北各地传统村落的房前屋后有许多大小不等的石磨、石碾，是村落中极具代表性的农耕文化要素。作为村落中长久以来使用的谷物加工工具，他们与村民的日常生活关系紧密，本节以井陉亚区为例展开论述（图5-4）。

图5-4　当泉村［a］、梁家村［b］、杨庄村［c］、大梁江村［d］（井陉亚区）石碾石磨空间

通常来说，磨体由上下两块尺寸（直径不到一米）相仿的矮圆柱体石块组成，磨体由搁置在石头或土坯基座上的磨盘承接。石磨所需空间较小，所以没有专设的公共空间，往往利用院落或街巷的边角放置，通常仅供各家各户自用。

石碾的尺寸则要大许多，由碾砣和碾盘两部分组成，用来为谷子、玉米、高粱等谷物破碎或脱壳。因需要为人或牲畜推碾提供充足的操作空间，石碾多安置在街巷交会处的放大空间，或者村中小广场的一侧，可供有需要的村民使用。石碾的功能及所在空间的公共属性，使其成为传统村落中村民集体生活的重要场所，不论是加工谷物还是聚集聊天，都催生了大量的交往行为。即使到了现代，石磨、石碾作为加工农具的作用日渐弱化，它们所在的公共空间依然发挥着难以替代的作用，还原了村落往日的生活场景，成为传统村落的记忆和标志。

2. 双层磨坊

相比常见于路边的石磨、石碾，一些传统村落为粮食加工修建了专用建筑。如平山亚区九里铺村的双层古磨坊，位于村中古戏台的北侧，始建于明清时期，为村民提供研磨粮食和豆腐的服务，是村落中重要的生产性节点空间（图5-5）。

古磨坊占地东西长5.3米、南北宽5.4米。整体分为两层，下层是石块垒砌的窑洞，以及旁边配建的夯土平顶小屋；上层则是木构架、青瓦悬山顶建筑，墙体为夯土材质。一层北侧砌有条石台阶通往二层，功能布局合理，结构坚固美观。

3. 梯田

梯田在太行山区的传统村落中广泛修筑，是当地粮食生产的重要耕作方式，本节以最具代表性的邯郸亚区为例进行论述（图5-6）。邯郸亚区传统村落梯田的分布有两种模式：其一为山麓或丘陵地带梯田，如白府村。其梯田环绕在村落周围，整体坡度较为平缓，不同层次的台地会因沟壑蜿蜒而产生曲折变化，村落与梯田形成了鲜明的"图底"关系，彼此在空间上有着较为明确的边界。

其二为山坡爬升梯田，此类梯田的坡度陡峭，修建难度较高，是山区传统村落主要的粮食作物种植方式。山区建设条件艰苦，传统村落大多选择在海拔相对较低的山麓区域营建村落；在耕地比较匮乏的情况下，会利用村后陡峭的山坡开垦梯田。如王金庄村，梯田从村后的半山腰处开始修筑，直至山顶为止。比起山麓梯田地块大、土层厚，山坡梯

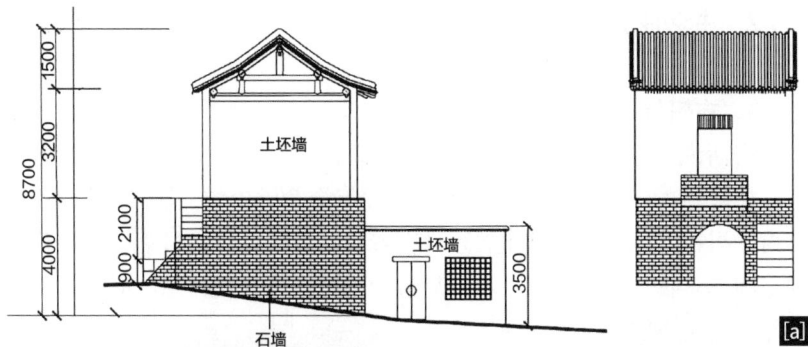

图5-5 九里铺村（平山亚区）双层磨坊剖面图、北立面图 [a]、实景照片 [b、c]
（图片来源：河北和恒城市规划设计有限公司. 石家庄市平山县杨家桥乡九里铺村传统村落保护发展规划 [Z]. 2017.）

图5-6 白府村 [a]、王金庄村 [b]（邯郸亚区）梯田

田山势越高，地块越窄小、土层越薄，最薄处土层厚度不足10厘米。[2]与山麓梯田不同，山坡梯田因为山势的蜿蜒，与村落形成相互渗透的边界关系。

此外，梯田还有在山垴分布的情况，如沙河亚区是山麓梯田和山坡梯田的结合，整体呈现坡度上升的趋势。山垴平缓，故梯田整体形态较为规整，但因四周峭壁而具有清晰的边界。

5.3.2 生活性节点

1．古树与古树群

俗话说"古树通天地，老木识春秋"。传统村落中一些古树的树龄甚至比建村的年代还要久远，是村落百年沧桑历史的"活见证"。古树与村民祖祖辈辈的生活和重要事件有着密切的联系，是村落中不可替代的空间标志物。正因如此，古树周遭会逐渐成为人们休憩、活动，甚至劳作的公共空间（图5-7）。

以冀中片区为例，常见的古树主要有槐树、白蜡树、松树等，它们树形高大、枝干粗壮，历经风霜仍旧保持苍劲的姿态。如果说，村中散落孤植的古树，具有激活空间、催生活力的作用；那么古树林则从古至今都是村民的生计来源。例如岭南台村，除了20余棵古松、古槐之外，还保留着百年以上的古核桃树200余棵（图5-8）。

2．山地村落排水系统

邢台亚区、井陉亚区的山地村落多依山就势，处理院落和街道的竖

图5-7　冉庄村［a］、北康关村［b］（冀中片区）古树与公共空间

图5-8　刘家庄村（冀中片区）古柿子树林［a］、岭南台村（冀中片区）古核桃树林［b］
（图片来源：保定市城乡规划设计研究院有限公司．中国传统村落档案：刘家庄村、岭南台村［A］．2017．）

向关系，并利用顺应山谷走向的泄洪沟，在雨季构建村落的最后屏障。这样的做法虽然能够达到防洪安全的底线要求，但缺少对雨水的主动管理，在太行山区这样水资源比较匮乏的地区，远远不能满足村落生存发展的需要。在竖向上布置被动排水设施的基础上，沙河亚区的许多山地村落还建构了分层分级、引导汇聚的排水系统。该系统通过顺沿街道敷设的明沟暗渠、低地水沟，可对不同雨量的雨水进行引导，并在必要时泄洪，以保证村落的防洪安全（图5-9）。

以渐凹村为例，不仅村中的排水系统较为完备，院落也建有排水暗道，街巷挖有排水沟槽，街面积水流入沟槽后，通过暗渠汇入村前的"龙池"。若水池已满，可直接泄入南侧山谷。又如北盆水村，利用街巷组织排水，街面朝向设置的排水沟倾斜，排水沟槽的深、宽均为30厘米。降雨时，雨水由街面流入沟槽，后沿着街道，顺地势向下，汇入南侧溪水。村西的水库为浆砌石重力坝，利用山沟地势进行集水；当水位过高时，亦可利用村南的小溪泄洪。[3]

图5-9 渐凹村 [a]、北盆水村 [b、c]（沙河亚区）排水系统

3．水塘/蓄水池

现代海绵城市讲究"渗、滞、蓄、净、用、排"6项策略。如果说排水系统的目标在于疏导，那么水塘或蓄水池，便在缺水地区承担了重要的蓄水功能。

沙河亚区传统村落修建的水塘数量要多于河北其他地区，一方面是降雨量不均以及常年缺水的气候环境所导致的大面积山地旱田的灌溉需求两个根本动因使然；另一方面也是因为当地的地质条件能够满足蓄水不易外渗的要求。村中水塘的形状、尺寸和位置各不相同，其与排水系统紧密相连，是雨水排除的终端。水质较好的池塘可以用于清洗衣物，水质一般的池塘则多用于灌溉。由于常常围绕水塘营建公共空间和公共建筑，其也为村落提供了极具品质的景观和活动场所。部分面积较大、位置较好的水塘，还会形成村落的几何中心与生活中心（图5-10）。

4．丘陵村落排水系统

邯郸亚区不少传统村落，从院落内部到整个村落都修建有完备的排水系统。在民居院落中，正房标高高于厢房和倒座，靠近正房的庭院地面也会略高于入口处。以坐北朝南的院落为例，通常将宅院的排水口"眼沟"设置在倒座与东厢房所夹的"厦子"的底部，直接将院内的水排往街巷中。[4]院落对外的排水口通常设置在门楼的右下角，院内的

图5-10 安河村 [a]、陈硇村 [b]、杜硇村 [c]、大坪村 [d]（沙河亚区）蓄水池

水会从排水口直接流入贯穿整个村落的排水渠。排水渠为标高低于街巷地坪、矩形截面的槽，其从各院落门前连接至街巷中央或一侧，沿街巷分布。排水系统利用村落营建之初的竖向设计，逐级串联，最终将水引导至低洼的水塘处（图5-11）。

5. 古河道与古石桥

平山亚区不少河流水量充沛，如九里铺村，一条古河道从村落的两个居住组团之间穿过，宽度为3~5米，河道底部是大小不一的卵石，两岸为植被丛生的驳岸（图5-12）。村民在村落的入口处修建石桥连通两岸，成为入村的第一道风景。石桥多为平顶石拱桥，采用干法砌筑，不使用任何粘接材料，较高的施工难度体现了村民高超的营造技术。九里铺村中心古老的三孔石拱桥形态较为完整，具有较高的历史价值。[5]桥身长约25米，材质为当地出产的石材，并配有条石护栏，历经岁月变迁，现仍作为村中主要的通行桥梁。

图5-11 黄粟山村（邯郸亚区）排水系统

图5-12 九里铺村（平山亚区）古石桥 [a]、古河道 [b]
（图片来源：河北和恒城市规划设计有限公司. 石家庄市平山县杨家桥乡九里铺村传统村落保护发展规划［Z］. 2017.）

6.码头

地处白洋淀的传统村落，水路交通自然成为这里村内外交通的重要方式。圈头村在东、南、西、北4个方向各有一座规模较大、可供固定航线船只停泊的码头。当地自古以来就流传着"金圈头，银淀头，铁打的采蒲台"的俗语，通过这几座码头不仅可以到达采蒲台、光淀，甚至还可以到达任丘市。码头区域配建有人流集散或装卸货物的小广场，硬化的驳岸可供不少船只停泊。除了这些有航运功能的大码头，村边还散布着非常多的小码头，通常是简单地平整出一小块土地，供渔民日常打鱼劳作之用。对于圈头村这样的村落而言，不论大小，各处码头都是他们日常生活的重要组成部分，构成了水乡生活所特有的空间节点（图5-13）。

图5-13 圈头村（冀中片区）码头平面分布图 [a] 及实景 [b、c]

5.3.3 通行与防御性节点

1. 阁

历史上，井陉地区的阁一度超过200个，如今各村落中留存的阁仍有80多个，区域内阁的数量之多在河北乃至全国都极为罕见。这与井陉驿道密不可分，村落作为驿道上的节点，需要在出入口处设置具有观察、防御、祭祀、标志物功能的构筑物，阁是最适合的建筑类型。在驿道村落的影响下，不少非驿道村落也修建了阁。现存阁的建造年代普遍为明代，后世都有过重修或不同程度的修缮。

阁主要由下层基座和上层建筑两部分组成，基座使用大块青灰条石砌筑，发拱券，以供通行。由于阁所处道路的位置不同，阁门的数量也有所不同，其形式主要有双门式、三门式和四门式三类。双门式和三门式多位于村落边缘，一旁会配建值班用的偏房，具有鲜明的守卫职能；四门式位于村落内部的十字路口处，具有标志物的功能（图5-14、图5-15）。比较有代表性的有：双门式——赵村铺村保福阁；三门式——下安西村三眼古阁（井陉县仅此一例）；以及四门式——于家村清凉阁。上层建筑依据其等级、形制的不同，层数和构造形式也十分多样，木结构、砖石结构、砖木结构均有出现。阁中供奉着如玉皇大帝、尧、舜、禹等不同信仰体系的神灵，以供村民祈福。

近几十年来，阁的防御功能逐渐弱化，但其作为村落门户的标志物，

图5-14 阁的三种典型样式——双门式：赵村铺村保福阁 [a]；三门式：下安西村三眼古阁 [b]；四门式：于家村清凉阁 [c]

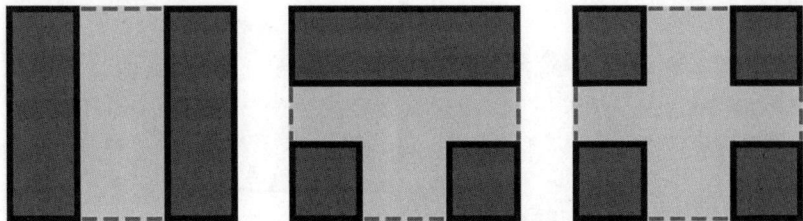

图5-15 典型样式阁的三种基座形式（从左至右：双门式、三门式、四门式）

依然是交通集散的必经之路。由于空间有限，绝大多数村落中的阁保持了过街楼的空间特征。部分村落在出入口的阁旁增建了广场，并配置有商业、健身以及停车等设施，以供村民在此开展各种集体活动（图5-16）。

2. 石阶空间

石阶空间以邢台亚区传统村落最为丰富，结合嶂石岩地貌与起伏地形，成为一种颇具地域特色的空间节点（图5-17）。石头是山地村落优先使用的在地材料，容易获得且便于加工。邢台亚区山地村落所处地貌的沟壑层次多、变化大，故在传统村落的街头巷尾修建石阶，以发挥连接不同标高区域的作用。石阶空间的特点在于其不仅能够满足基本的交通功能，而且能够通过与地形的融合，营造出独特的场所空间。宽窄不一、走势多变的阶梯，不同高度、角度穿插的矮墙，利用边角空间种植的植物，阶梯四周高低错落的院落，都提升了节点与人在视觉、触觉上的交互体验，创造出魅力十足的乡土场所。

3. 防御体系

村落的防御体系主要由院墙、天楼、巷门、券门等构成。山地丘陵的特殊地貌环境，使得邯郸亚区传统村落很难同区域内的山地村落一样

图5-16 过街式阁空间、广场式阁空间——井陉亚区：北平望村 [a]、核桃园村 [b]

图5-17 英谈村 [a]、茶旧沟村 [b]（邢台亚区）石阶空间

修建专门的山寨，也无法如蔚县传统村落那样，在村落四周修建完整的土墙，或像山西民居那样用砖石砌筑城墙，以保卫村落的战时安全。该地区的民居选择在自家院落修建较高且不开窗的院墙，设置隐蔽的暗门和逃生通道，构筑起基本单元的防线。邯郸民居的防御能力虽不及山西民居，但其更符合当地的自然和经济条件，亦是一种因地制宜的营造智慧。其清晰界定家族内外空间的手法以及内向性显著的院落特质，均透露出山西移民后代同根同源的价值取向。为进一步提升院落观察敌情和抵御外敌的能力，不少民居修筑了"天楼"，即合院建筑的一个两层高的角楼（往往建于入口大门处）。

位于平缓丘陵地带的村落，如邯郸亚区白府村（图5-18），往往还会在主街与次巷交接的地方修建一处巷门，巷门由石块砌筑而成，与两侧院落相接，门上设有可插木门闩的石孔。在遇到外敌入侵时，可以关闭巷门，进而将村落分隔成相对规整独立的防御组团，更好地保障村民的安全。

又如固新村和原曲村，平坦的地形有利于修建院落与设施，但同时也为村落的防御带来了更大的压力（图5-19）。因此，这两个村子修建了作为防御和观察重要节点的券门。《固新村志》中用"西乡屏翰"记载了村中券门的防御屏障作用。固新村的4个券门建于北齐天保年间，皆为基石拱券或基石横梁的隧道建筑。

图5-18　白府村（邯郸亚区）巷门

图5-19　原曲村（邯郸亚区）北券门

原曲古村由5个券门围合而成，分别是村子北部的真武阁券（又称北券）、东部的娲皇阁券（又称麻地券）、东南部的高堰庙券（又称火神庙券）、南部的庙坡券和西南部的庙底下券。其中，真武阁建筑别具一格，是5座券门中最为华丽的一座，被列为邯郸市重点文物保护单位。其始建于明正德十五年（1520年），占地130余平方米。一层为券，整个券身为石砌结构，券洞宽约3米；二层为阁，其屋顶为歇山琉璃瓦顶，四面挑檐，内部供奉真武大帝。娲皇阁位于村东的东券门之上，建于明嘉靖三十五年（1556年），至今券门和上面的阁仍保存完整。女娲祭典是涉县特有的民俗活动，娲皇阁也是原曲村唯一一处祭祀女娲的场所。位于村落东南部的券门，上面的阁保存完整，供奉着火神，为两进的阁楼；前一进为卷棚顶，后一进为硬山顶。[6]

这些券门至今仍是村落主要的对外出入口，也是村落的核心防御节点；随着其防御职能的弱化，逐渐成为村民日常交往的重要场所。

4. 堡门

本书中的堡门特指镇守蔚县亚区村堡内外唯一通路的防御型建筑物。作为敌人进攻的重点区域，其在防御系统中的作用格外重要。为此，村民不仅加固堡门，部分村落更是在堡门之外还加建了瓮城。如今，在多数堡墙被毁的情况下，堡门却得以完整保存。在村堡总体空间布局中，通常将堡门设置在与真武庙相对的中轴线上（图5-20）。

堡门分为上下两部分，下部是略带收分的墩台，一般用砖石包土砌筑，上部为门楼。墩台中央开有供人和马车通行的拱形门洞，门洞高度约占堡门总高度的1/2~1/3。[7]门楼通常为观音庙、文昌庙、马王庙等庙宇。

如建于清乾隆年间的水东堡村南城门，其门洞宽3米，高3.3米，进深8米，用砖石砌筑。门楼上的文昌阁，面阔三间，硬山顶，东、西两侧分别为钟楼和鼓楼。[8]此外，与文昌阁相对的是魁星阁，分布在村

图5-20 闫家寨村［a］、宋家庄村［b］（蔚县亚区）堡门

堡的东南角。在中国古代的风水思想中，东南方位是巽位，为少阳，代表了光明、温暖和繁盛，修建魁星阁体现了村民对于村中的后生晚辈金榜高中、人才辈出的期盼。

5. 敌台

敌台在冀西北片区防御型村落中较为常见，主要功能是进一步巩固村落的夯土堡墙，使其不易倾倒，同时兼顾瞭望的功能。以怀安-怀来亚区传统村落的敌台为例，其主要特征体现在以下两个方面：一是墙体更加厚实高大；二是角台或敌台的数量更多（图5-21）。可将这些敌台视作堡墙的连接节点。敌台顶部可布置围合的木板，既可阻挡箭矢，也可隐蔽其后，居高临下进行反击。体量巨大的敌台突出后，与堡墙平直相交，可以对单侧进攻的敌人形成三面夹击之势，产生更好的防御效果。比起蔚县村堡防御系统的尺度，怀安-怀来亚区的村堡更加符合《乡约》中对于村落防御体系营建的要求（图5-22）。怀安-怀来一带位

图5-21 东沙城村（怀安-怀来亚区）敌台与堡墙

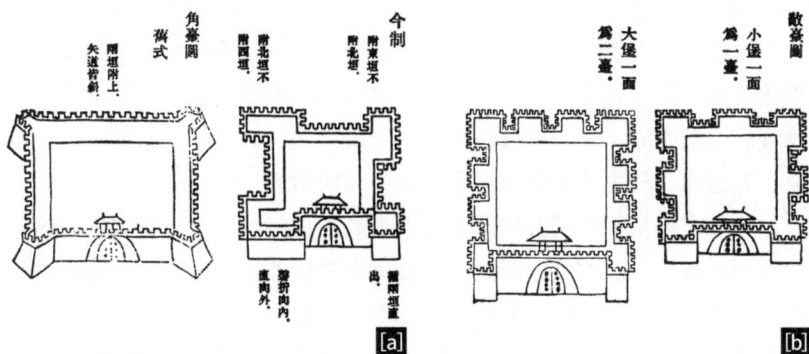

图5-22 《旧式角台图》两垣附上，矢道皆斜 [a]；《敌台图》大堡一面为二台，小堡一面为一台 [b]

（图片来源：尹耕. 乡约·塞语 [M]. 上海：商务印书馆，1936.）

于蔚县北方，距离塞外更近、所面临的防御压力更大，村堡防御体系的建设要求自然也就比蔚县更高。

5.3.4 精神与文化性节点

1. 庙宇

河北传统村落中遍布着不同类型的庙宇，其中以蔚县亚区的分布最为集中且类型最丰富。这与当地常年战乱以及相对匮乏的物质资源息息相关。庙宇作为民间信仰的重要载体，遍布蔚县十里八乡，在民间庙宇系统中，神仙被赋予了各式各样的超现实能力，如关帝庙与真武庙可保卫城池、守护一方平安；观音庙则保佑多子多福和平安健康；龙王庙祈求风调雨顺；五道庙掌管往生，如遇家人去世，村民都要前往五道庙通报一声。更有意思的是，在蔚县不管是儒释道哪种信仰，只要"灵验"，统统供奉起来；经常出现各路神仙、佛菩萨同在一堡甚至一庙中祭拜的场景。[9]

由于蔚县村堡的格局极为清晰，且堡内地形平坦，通过观察样本可以发现，其各类庙宇的布局有着明显的规律（图5-23）。例如规模较大的单堠村，村落因所处台地的转折而呈L形。真武庙建在村堡南北主轴尽端的高台上，五道庙和财神庙分布在村落第二条东西向巷道与主街的交会处，村落东西向次街的西尽端是三官庙，在其东尽端堡门外，坐落着关帝庙和马王庙。大饮马泉村是一座规模中等的矩形村堡，除了常规布局的真武庙外，在其城门上还建有玉皇阁，堡墙东南角有魁星楼，龙王庙则坐落在村落东堡墙外的空地上。白中堡村和小饮马泉村都属于规模较小的方形村堡，其村落主轴北端是真武庙，南城门外的同一院落中修建有关帝庙和观音殿，小饮马泉村的城门东侧还建有一座龙亭（龙王庙）。[10]

由此可以得出不同庙宇在村堡中的分布特征：其一，庙宇分布存在轴线关系；其二，真武庙、玉皇庙通常在村落轴线的北端高处；其三，观音庙、关帝庙、三官庙分布在村落轴线南面的城门附近；其四，财神庙、五道庙、马王庙分布在村落内部中轴线附近。

此类布局特征在蔚县村堡中有着极高的相似性，这与各类神仙的职能密不可分。一般而言，蔚县村堡最首要的任务是解决防御问题，因此真武庙和观音庙分别修建在村落中轴线的南北两端，以突出其重要地位；关帝庙重点解决村民内部矛盾，其地位比真武庙略低，但排位仍较为靠前；五道庙掌管生死，与人们的生活密不可分，因此一个村堡常常建有3~5座五道庙；马王庙、财神庙等其他庙宇根据各个村堡的需要设置，

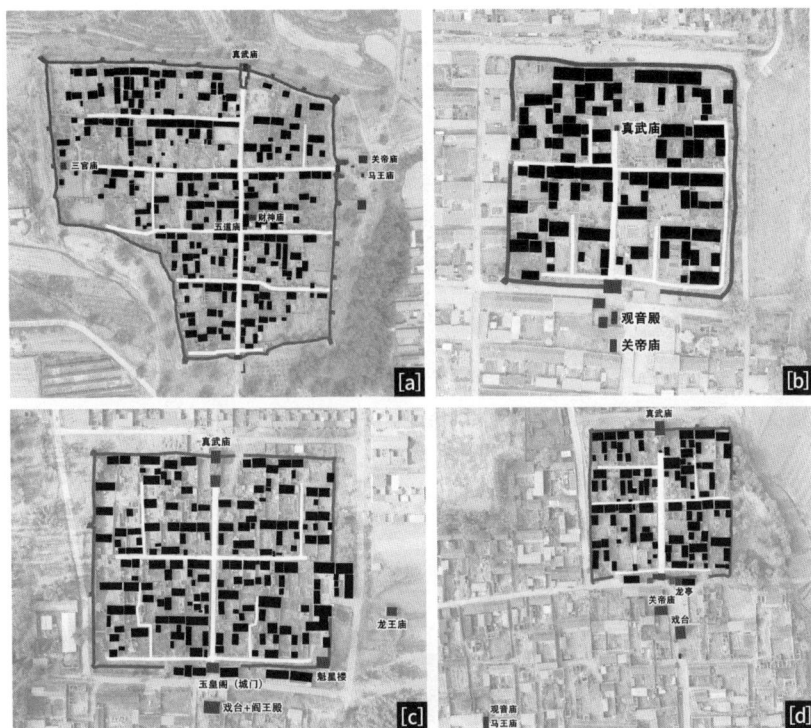

图5-23 单堠村［a］、白中堡村［b］、大饮马泉村［c］、小饮马泉村［d］（蔚县亚区）各类庙宇分布

并非每个村堡中都有。综合上述情况，可知分布在村堡中轴线上的庙宇最为重要，且依据其职能的重要程度，由北向南重要性依次降低；而分布在村堡内部的庙宇，则是距中轴线越近者地位越高，反之则越低。

与独立建造的庙宇不同，邯郸亚区传统村落中还有一种与民居建筑相结合的特殊精神性建筑形式——天地庙。民居受风水思想的影响，会在院落中设置供奉天地十方之神的神龛，通常布置在民居正房房门与窗户之间的位置，为一个高65厘米、宽50厘米的矩形壁龛，装饰程度由民居主人的经济水平决定。较为富庶的家庭，天地庙会装饰有砖石材质的浮雕屋檐、垂花门等构件，龛内摆放香炉，两边可张贴对联，以供祈福祭拜。土地庙也是如此形制，通常布置在院落入口处的影壁上或正立面的外墙上，正对街巷，起到阻挡道路冲煞的作用（图5-24）。

2. 戏台

戏台是河北传统村落中必不可少的活动节点，是村落集体活动的核心。戏台的建筑特征较为近似，本节以蔚县亚区和平山亚区不同类型的

图5-24 冶陶村［a］、黄粟山村［b］（邯郸亚区）天地庙与土地庙

图5-25 水西堡村（蔚县亚区）戏台与堡门实景

戏台为例，论述河北传统村落中戏台的营造特征。

在蔚县亚区，营建时间较早且村内空间较为紧凑的村堡，会将戏台布置在堡外正对南门的地方，形成坐北朝南与真武庙相呼应的关系（图5-25）。营建时间稍晚且堡内空间较为富裕的村落，则将戏台建在村落内部。此外，还有诸如宋家庄村的穿心戏楼，与堡门紧密结合，将戏楼的台基正中间留为空心通道，成为村堡中轴线在堡门处的一个收缩节点。日常马车可以穿过；唱戏时以木板铺盖，台上唱念做打，并不妨碍下面应急的行人通过，充分利用村堡空间。

位于平山亚区九里铺村西侧戏楼巷的双坡顶古戏台是冀南片区极具特色和代表性的戏台类型。戏台坐南朝北，为坡屋顶砖木结构，相较于常见的单坡顶戏台，这种戏台的表演空间和备演空间各由一个硬山顶覆盖，显得更为别致。建筑坐落在大石块砌筑的基座上，整体呈日字形，后半部室内空间可供演员存放道具和准备演出，开有两扇门和四扇窗，宽敞明亮；戏台面阔近8米、进深4米，中间仅由两根细柱支撑，为演出提供了充裕的空间。

5.4 本章小结

本章从街巷空间、街巷界面以及村落节点空间三个方面论述河北传统村落公共空间的特征。其中，街巷空间依据道路级别，分别归纳了巷道、主街以及其他街巷的空间构成、尺度及感受。总体而言，巷道空间较为紧凑，而主街空间由于区位和修建年代的差别，而形成不同断面尺度或舒适，或宽敞，或空旷的感知体验。当街巷位于村落边界时，还会产生丰富的景观与无限延伸的空间观感。河北传统村落街巷的底界面由不同材质的路面铺装、设施和地势起伏构成；侧界面则包含了丰富细致的建筑及景观要素；顶界面较为单调，以树冠和少量屋顶挑檐为主。节点空间包括生产性节点、生活性节点、通行与防御性节点和精神与文化性节点4个主要类型。各类公共空间，或许在尺度、形态、材质、感受上存在差异，但都与村民的日常出行、生活、劳作、交往密不可分，造就了传统村落外部空间的多样风貌，孕育了精神信仰与乡土文化。

参考文献

[1] 龙林格格. 湘西花垣县苗族传统村落空间形态解析 [D]. 北京：北京建筑大学，2018.

[2] 邢佳. 邯郸西部山区传统村落空间解析 [D]. 邯郸：河北工程大学，2016.

[3] 李自岐. 河北省传统村落图典：邢台　沙河　卷下 [M]. 石家庄：河北教育出版社，2017.

[4] 袁彦廷. 冀南武安清末民初大院民居研究 [D]. 西安：西安建筑科技大学，2014.

[5] 河北和恒城市规划设计有限公司. 石家庄市平山县杨家桥乡九里铺村传统村落保护发展规划 [Z]. 2017.

[6] 河北信达城乡规划设计院有限公司. 涉县固新历史文化名镇保护规划 [Z]. 2010.

[7] 谭立峰. 河北传统堡寨聚落演进机制研究 [D]. 天津：天津大学，2007.

[8] 王阳. 河北蔚县暖泉老君观勘察与保护研究 [J]. 建筑与文化，2018（07）：234-235.

[9] 杨柳，孙凤鸣. 河北蔚县古堡群落景观与乡土文化 [J]. 社会科学论坛，2018（06）：235-240.

[10] 谭立峰. 庙宇系统对长城军事城镇形态的影响——以河北蔚县为例 [J]. 建筑学报，2016（S2）：12-15.

河北传统村落
民居院落

民居院落是河北传统村落肌理构成的基本单元，通过数量的增长和排布的扩展，最终塑造出村落整体布局的空间特质。民居院落空间，尤其是平面空间，成为村落空间中微观尺度的重要组成部分。河北传统村落民居院落的平面空间形式以合院为主，其中三合院、四合院占据了较大比例。这些院落的比例尺度和空间组合模式也不尽相同。总体而言，平原和平缓丘陵民居院落相较于山地民居规模更大，庭院空间更为宽敞；同时，便利的交通带来的良好经济发展，也催生出多进、多跨的合院组合模式。本章第一节将分别论述冀西南、冀南、冀中和冀西北4个片区民居院落的合院空间布局特点及其院落组合模式。

根据建筑材料及其结构选型，可以将河北传统村落中的民居归纳为砖木结构、石木结构、土木结构和拱券结构4类，本章第二节针对不同的建筑特征进行举例探讨。此外，本章中出现的诸如平顶石头房、水区民宅、碹窑民居等名词为不同类型民居的俗称，虽然在一定程度上，体现了院落空间与建筑结构特征，但仅为便于论述的模糊称谓，并非对民居院落或单体空间及其结构选型的区分指代。

6.1 河北传统村落合院空间特征

6.1.1 冀西南片区合院空间

1. 平面布局类型

冀西南片区的合院以独院式院落为主，其围合方式主要有三合院与四合院。由于大部分村落位于山地、丘陵地带，民居院落的平面布局较为灵活，利用高差创造出了多变的空间体验。

井陉亚区的山地四合院具备北方四合院的主要特征，同时因受到地域特殊自然条件的制约，规模较小，平面布局灵活，尤其是院落空间南北长、东西窄，形成长宽比例大于1、小于2的矩形（图6-1）。[1] 这样的形式不仅可以沿街紧凑地排布更多的院落，同时院落内也可达到较好的通风效果，以解决夏季天气炎热的问题。该区的山地合院又可具体划分为三合院和四合院两类。受经济条件及土地资源的制约，多数家庭选择建设三合院。根据南侧院墙设置的不同，三合院又分为封闭式和开敞式两类。封闭式三合院由主人居住或招待客人的正房，具有居住或厨房双重功能的厢房，以及临街的外墙围合而成；开敞式三合院与之最大的区别在于不设置封闭的南部围墙。

图6-1 地都村（井陉亚区）典型山区四合院鸟瞰 [a]、平面图 [b]

院落建筑布局紧凑，正房和两侧厢房呈凹字形包裹着院落，既节约了土地，又使得庭院内有着较好的热工环境。受传统风水思想的影响，为了遮挡外界的负面影响，山区四合院通常不在东西厢房的墙外开窗。院落的内向性不仅可以阻挡沙尘的侵扰，同时也能实现院内采光、院外遮阳的需求。由于地形崎岖多变，房屋在尽可能保持坐北朝南的大格局下，会有不同程度的适应性偏转，体现了对环境极强的适应性。

邢台亚区的民居院落格局以单体四合院为主，平面有一字形、凹字形和口字形三种形式。院落空间简单方正，具体格局根据地形走势灵活变化，因而造就了随坡就势、错落有致的群落特色。建筑多为三或五的单数开间，面阔和进深较小，因此门窗洞口、建筑室内乃至庭院空间都比较局促。此外，还会在不同的位置设置院门，以方便人从不同走向的街巷顺利进入庭院（图6-2）。

通过比较发现，井陉亚区和邢台亚区的民居规模较小，院落空间相较于平原合院有些局促。二者的不同之处在于，井陉亚区的民居院落比例狭长，而邢台亚区的民居院落则较为方正。

2. 院落组合形式

冀西南片区的多数民居院落受到崎岖地形的限制，很难在平地上扩展空间，当地村民另辟蹊径，使用了更为巧妙的院落扩展形式——叠院。即当遇上陡坡地势，很难在建设合院时满足土方平衡，一些民居院落会顺应等高线走势，在垂直方向修建民居，组成院落，实现扩展空间的目的（图6-3）。叠院在平面特征上与普通合院并无差异，实则同一

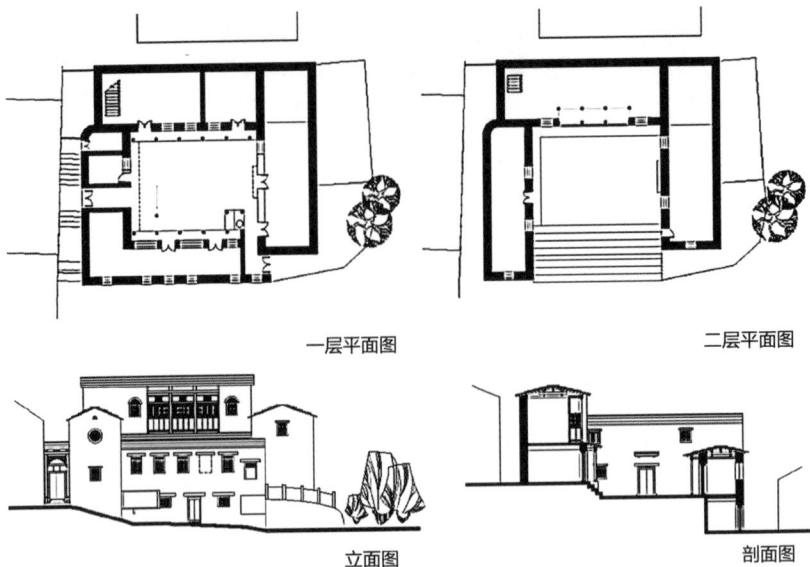

一层平面图　　　　　　　　　　　二层平面图

立面图　　　　　　　　　　　剖面图

图6-2　英谈村（邢台亚区）贵和堂主院平面、立面、剖面图
（图片来源：北京清华同衡规划设计研究院有限公司. 河北省邢台县英谈历史文化名村保护规划［Z］. 2014.）

图6-3　吕家村（井陉亚区）叠拼式院落群鸟瞰

合院的不同建筑存在高差。建筑与建筑之间通过楼梯或坡道竖向连接，不仅降低了村落所面临的山体滑坡危险，节约了人力物力资源，而且满足了村民对居住空间的需求，且创造出一种生动有趣的院落组合形式。

以邢台亚区英谈村民居为例，其院落出入口位置和数量依据地形设置，相对自由，有的是独立门廊，有的则是建筑的一部分；有的设两个出入口，有的设三个。且一户人家的院落之间相互连通，每个院落均可从不同的出入口通向不同标高的街道。建筑多为一层或二层，少量为三层。长辈多在一层居住，二层为储物空间或小姐的闺阁。

6.1.2 冀南片区合院空间

1. 平面布局类型

冀南片区的民居平面布局主要有邯郸亚区所采用的"两甩袖"和沙河亚区山麓丘陵多进院两种主要类型。

"两甩袖"民居分布广泛，在武安、涉县等多地都有比较完整的保存（图6-4）。"两甩袖"是在传统四合院民居的基础上发展而来的，其最别致之处，也就是"甩袖"名称的由来，在于正房的两端与耳房连通，形成凹字形平面格局。"甩袖"之中通常会设置土炕，并开东西朝向的大窗。"两甩袖"以庭院为生活和交往的核心，厢房、正房、倒座的空间构成均为常规矩形，以中轴线组织院落空间，左右对称、门堂分离。院落以纵深的空间序列依次展开，庭院长宽比通常大于2，加之

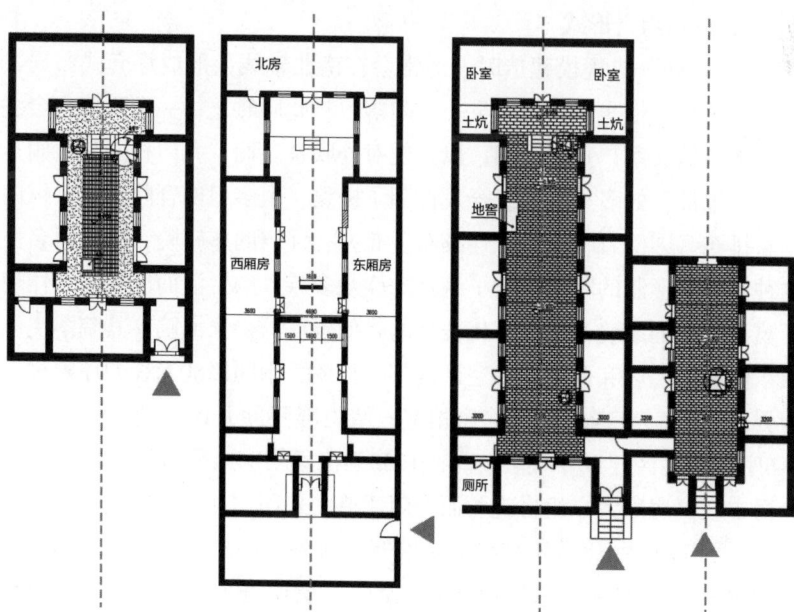

图6-4 黄粟山村（邯郸亚区）民居院落原形、多进组合、多跨组合平面图
（图片来源：北京建筑大学黄粟山村田野调查团队）

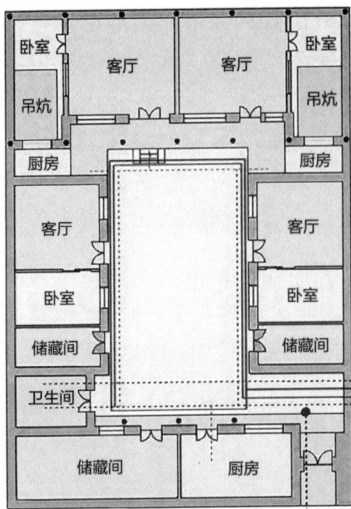

图6-5 原曲村（邯郸亚区）民居典型平面图
（图片来源：河北信达城乡规划设计院有限公司.涉县固新历史文化名镇保护规划[Z].2010.）

地面逐层抬升，正房位于北端最高处，空间仪式感凸显。[2] 此类民居营建时，沿街两侧开设的院门通常会与彼此错开，或者修建小影壁加以遮挡。

原曲村、固新村的合院民居采用"两甩袖"的变体形式，其正房平面并非通过与耳房的连通形成凹字形，而是通过将用作起居的客厅立面向内退，在入口形成柱廊空间，进而使正房的室内空间呈凹字形（图6-5）。

沙河亚区的山麓丘陵多进院，通常在倒座中央开设院门，正房和倒座的进深要大于厢房（厢房进深仅为3米左右），由此围合出相对方正的矩形庭院，且庭院的宽度要大于各个建筑的进深。正房、厢房和倒座之间不衔接，各自独立建造。

2. 院落组合形式

"两甩袖"成规模建造时，通常会在南北轴线上形成穿套式布局，由每一进堂屋依次向后进入下一进院落。与此同时，每一进院落也会注重与街巷的关系，独立开门，以方便对外联系。而"九门相照院"则是将"两甩袖"的多重院落组合发挥到了极致，由多组四合院横向、纵向串联排布，因沿着轴线依次连续布置有9座大门和4座庭院，故此得名。这种高等级形制的院落是为了满足家族众多族人的生活而出现的，体现了冀商殷实的家境。比较有代表性的是伯延村的徐家大院，其院落主体由东侧的老宅区和西侧的西宅区两部分构成，中间以60米长的徐家过道为界（图6-6）。老宅区为徐家祖宅，清乾隆年间开始兴建，有大小院落6座。西宅区建成年代较晚，是1933年徐家当家人徐敬修为其三公子徐树本迎娶房家大小姐房晓兰而专门建造，采用"九门相照院"的建筑布局。西宅区由4座砖木结构的合院穿套排列，门户相通，坐北朝南，中轴对称，大院南北总长80余米；空间层层递进、尊卑有序、装饰精美、气势恢宏，是冀南民居合院排列布局的典范。

沙河亚区山麓丘陵多进院，凭借平缓的地势、便利的交通，成为冀南山区村落典型的合院组合类型，通常为两进或三进，中轴对称、坐北朝南布局。受到礼制影响，其格局、造型都颇为讲究。大门居中，倒座中间设置挑檐式大门，前后院落由二门或厅堂分隔（图6-7）。[3]

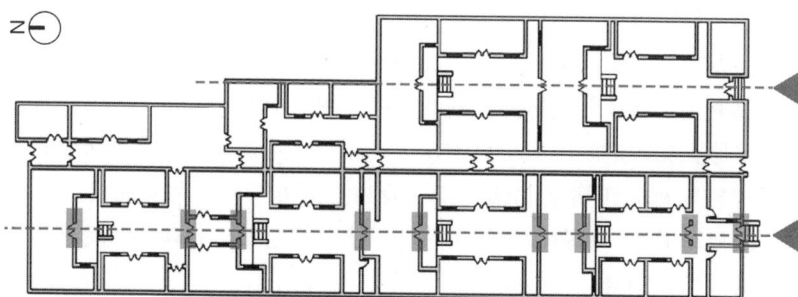

图6-6　伯延村（邯郸亚区）徐家大院平面图

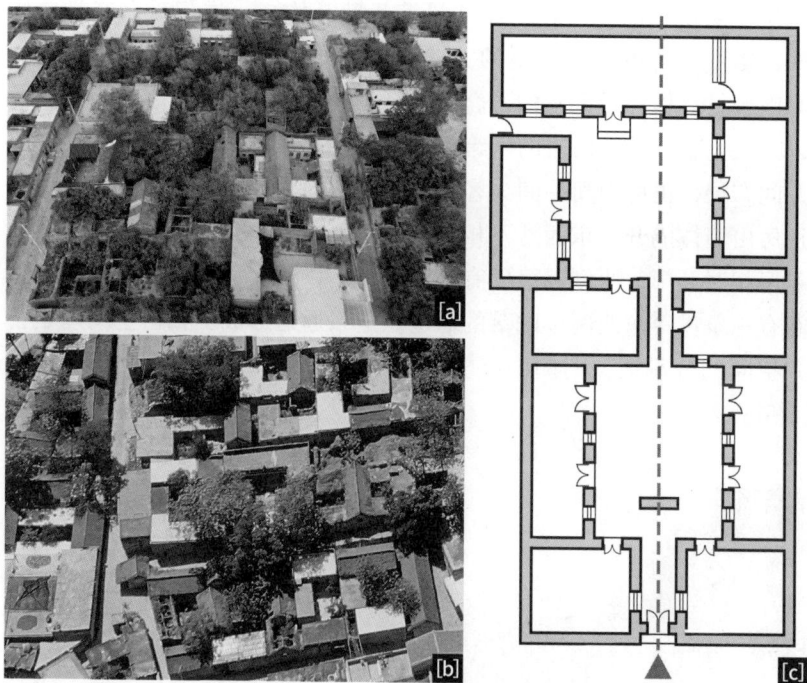

图6-7　上申庄村 [a]、北盆水村 [b]（沙河亚区）山麓丘陵多进院鸟瞰、典型平面图 [c]

6.1.3　冀中片区合院空间

1. 平面布局类型

冀中片区多数民居院落的合院空间符合北方四合院的基本形制，尤其在院落的比例尺度上较为近似，长宽比通常为1～2。地形地貌和建设空间的差异会带来近似格局下的多种变化。例如，平原地区民居的院落空间比山地丘陵地区的民居开阔；水淀地区民居因空间有限，院落保持坐北朝南布局，但院门却有可能开设在正房与厢房之间等。

圈头村因可建设的土地资源有限，建筑排布十分紧凑。如赵小栾民居，院落由4间房屋构成，正房坐北朝南，其余三间均为相对独立的配房，其庭院宽度仅为正房一开间的尺度（图6-8）。

平原丘陵多进院民居是冀中片区平原与丘陵地区的传统民居形式，格局中轴对称，正房坐北朝南，一般为三或五开间，两侧厢房对称布置。因夏季炎热，院落围墙为了遮挡日照，修建得十分高大，院落整体也更为狭长，围合感更加强烈。

冀中片区北部地区因直接与北京门头沟接壤，民居以典型的明清时期北方四合院民居风格为主，与京西民居极为相似。这类四合院由正房、厢房、倒座、庭院和院门等几部分构成。进门后，有靠山影壁，影壁中心镶磨砖对缝的方砖，四角饰有精美的砖雕。[4] 其中，岭南台村有保存较完整的四合院共计45处，且有多种空间组合模式。以王文金、李季平民居的两跨宅院为例，两家正房均为坐北朝南、三开间布局，正房中间一间为客厅，左右两间为长辈居住的卧室。两座正房由墙体隔开，东西并不相通。厢房共有三间，其中东侧和中部的厢房相对开门，西侧院落仅有一间厢房，供子女居住。厢房与倒座之间有一条贯穿东西两个院落的通道，这条通道形成了私密空间与半公共空间的分割线，南侧倒座多为储藏间，每个院落各开设一座大门（图6-9）。

图6-8 圈头村（冀中片区）赵小栾民居庭院实景 [a]、平面图 [b]
（图片来源：保定市城乡规划设计研究院有限公司. 河北省安新县圈头村传统村落保护发展规划 [Z]. 2017.）

2. 院落组合形式

冀中片区的院落组合主要出现在平原丘陵多进院当中，较为平坦的营建场地与较好的经济条件，造就了多进多跨的高形制院落。例如南腰山村的王氏庄园（图6-10），因其主人在清代官位显赫，院落中的建筑布局和装饰风格显示出北京四合院的特征。庄园起初占地达到279亩，建有房屋500余间，园中有南北轴线排列且前后贯通的合院共3路，彼此间分布有花园等公共空间。因而民间流传着"皇家古建看故宫，民间古建看腰山"的说法，体现了华北现存规模最大的清代官员兼商贾宅院的宏大格局。

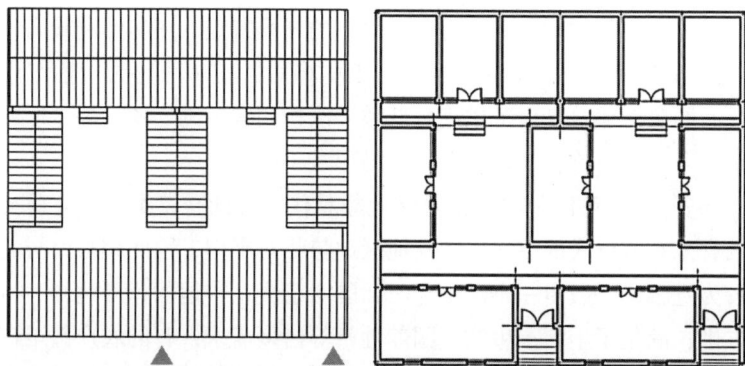

图6-9 岭南台村（冀中片区）王文金、李季平民居平面图
（图片来源：保定市城乡规划设计研究院有限公司. 涞水县九龙镇岭南台村传统村落保护与发展规划［Z］. 2017.）

图6-10 南腰山村（冀中片区）王氏庄园鸟瞰

6.1.4 冀西北片区合院空间

1. 平面布局类型

单进合院是冀西北片区较为普遍的院落形式，以三合院、四合院为主。此类院落形制普通，规模较小，院落呈矩形，南北边略长于东西边，庭院空间相对宽敞且四季采光充足。依毗邻街道走向及院落入户方位的不同，单进合院的大门有两种布局模式：当街道为东西走向时，院门一般设置在院落的东南角；当街道为南北走向时，院落在保持正房和厢房原有布局的同时，将大门设置在东南角或西南角。蔚县亚区西临山西、东接北京，民居院落空间组织模式深受山西和北京合院的影响，遵循"以北为尊"的理念，同时考虑北方的气候特点，正房形制最高，多为三或五开间，坐北朝南。倒座与正房相对，正房两侧为对称布局的东、西厢房，建筑高度都比正房低矮，以达到藏风纳气的效果，形成了以南北方向为对称轴的建筑空间布局形式（图6-11）。

怀安-怀来亚区中的碹窑是该地颇具代表性的合院类型，与蔚县亚区的合院有着巨大的差异。怀安地区地势相对平坦，因此碹窑民居的院落较为宽敞，一般由一座建筑与三面围墙组成，占地面积可达300～400平方米；满足了生活、生产、圈养牲畜等诸多需求，有的农户甚至在院中开辟菜园。除了用于居住的正窑以外，院落的东、西两侧还建有耳窑，用来囤放粮食、柴草、农具等杂物，有时也兼有居住功能；厕所设置在院落之外。[5]碹窑的正窑为"一窑三孔"，少数也有五孔窑和七孔窑。每间窑房宽2.5～3米，进深6米，高度4米。通常中间一孔作堂屋用，在过去多用来供奉祖先；旁边两孔则兼具多种日常起居功能，包括会客、卧室、厨房等，并设置土炕，以抵御潮湿和寒冷。

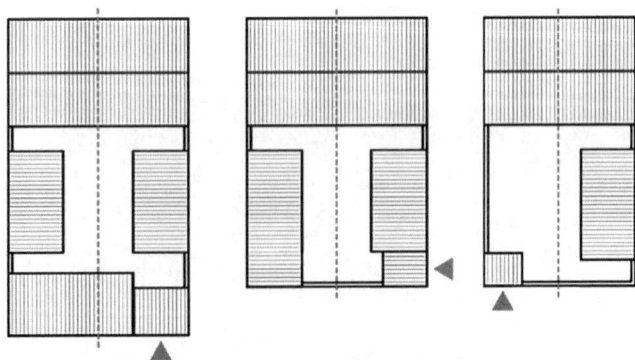

图6-11 单进合院（冀西北片区）平面示意图

2. 院落组合形式

冀西北片区的院落组合形式分为由数个庭院单一方向组合的多进式院落，以及由数个庭院不同方向组合的连环套院（图6-12）。[6]随着经济水平的提高和人口的增加，一些家境殷实的家族开始扩张院落，逐渐向纵深发展。多进式院落基本遵循北方合院的形制特征，呈中轴对称式布局，分为二进院、三进院、四进院等，多数情况下为二进院。[7]西古堡村中的苍竹轩，就是一处比较有特色的二进院，由前、后两个院落及后花园组成。苍竹轩院落坐北朝南，入口设置在一进院的西侧。一进院的特别之处在于，其布局中没有倒座和影壁（可能与风水中兑位、坤位之间并未严格要求修建影壁有关）。进入大门便正对东厢房，东厢房既是整座院落的门面，也是全院形制最高的建筑。一进院的正房为过厅式，在正房对面的南院墙处修建廊厅，供戏剧表演之用。二进院的格局与传统四合院并无太大差异，由硬山卷棚顶正房和单坡顶厢房组成，形制低于一进院。

为满足"多世同堂"的家族聚居需求，规模宏大的套院式院落应运而生。建筑常在横向（东西方向）和纵向（南北方向）同时扩展空间，当地称这种院落为"连环院"。其中，南留庄村的"门家九连环大院"最具代表性，沿街有6座东西并列的大合院，每进院落都有一座雕梁画栋、气势威严的门楼。大院占地约4000平方米，有共计18进院落、220余间房屋，院落间相互贯通，形成了一个整体。[3]此外，西古堡村的东西楼房院是一座"八连环院"。由东、西两个多进院落组成，共八进八出，故称"八连环院"。因最后一进院落的正房为两层，而得名"楼

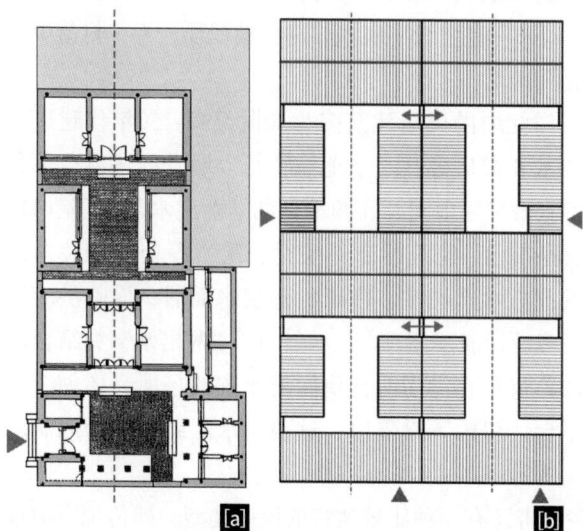

图6-12 多进式院落（西古堡村苍竹轩）平面[a]、连环套院（冀西北片区）平面示意图[b]

房院"，东、西都为四进院落，两列院落之间有院门相通。

6.2 河北传统村落民居建筑特征

6.2.1 砖木结构建筑

在河北传统村落的民居中，砖木结构是最为常见的结构形式，在各个片区均有出现。屋架全部使用木材，墙体以青砖为主要材料，墙基或整个山墙面采用石块砌筑，砖与石的使用比例主要取决于院落主人的经济状况。

平山亚区的建筑外墙、基础等面积较大的区域，会采用规则石块砌筑；而住宅的四角、门窗周围等需重点装饰部位，则会使用青砖砌筑。例如九里铺村的刘书红祖宅，其始建于明清时期，院落由正房、厢房、倒座围合而成。正门朝南开于古巷内，进入后首先可见正对院门的影壁。院落内的建筑均为一层，正房和倒座为瓦面坡屋顶，厢房采用抹灰平屋顶。与北京四合院的区别在于，该民居的正房由两间独立开门的房屋构成。正房为长辈居住，东、南配房为晚辈居住，西配房为杂物间。院墙采用石块砌筑，显得较为粗犷；院内的建筑墙面则采用青砖砌筑，配合精美的门窗细部，体现出外刚内柔的整体气质。

沙河亚区的民居亦采用砖木结构，"房房分离"的独特形式创造了墙体之间的空隙，夏季利于通风，冬季墙体可以更好地接受阳光照射并蓄热。相对独立的建造形式，在遇到火灾时，还可以降低损失。此类建筑以平屋顶为主，屋面采用有组织排水，亦建有坡屋顶，不少村落中会采用平、坡结合的屋顶形式。

冀中片区位于白洋淀内的民居建筑多为20世纪30~50年代建造的砖木结构建筑，其墙基和檐口极具水乡地域特色。墙基内垫有芦苇秆压制而成的防水层，屋檐采用中间高、两端低的"两出水"，且院内挑檐长于院外部分（图6-13）。建筑门窗、屋脊、瓦当等处雕刻装饰讲究，属于特征鲜明的北方水区民宅。由于村落傍水而居，面临洪涝风险，所以传统建筑大多设计成平屋顶与"一出水""两出水"相结合的屋面形式。这种做法不仅可在洪涝时提供暂避水灾的场所，还创造出晾晒芦苇、粮食的平台。房内不设隔墙，这也与水区编席的场地需求有关。

冀中片区的丘陵地带还有一种比较独特的民居类型，即传统硬山顶砖木民居的变体形式——腰棚民居，此类民居在和家庄村出现最多。建筑正立面的墙基和侧面山墙均用青砖砌筑，部分翻新建筑将墙体刷成白色。与传统硬山顶民居不同，此类建筑分为上下两层，上层称为"腰棚"，层高较低，一般不足一人高。腰棚在建筑外部的二层开小门，需搭梯子进入。正面开通长大窗，背面开小窗，上下两层之间铺设透气性较好的木板与草席，使得整座建筑具有良好的通风散热效果。正因这样的物理特性，二层空间主要用于储存粮食，夏季也可乘凉。腰棚民居没有复杂精细的装饰，采用简洁的深棕色木格窗和木板门，窗上有棂格、糊纸。

与北京门头沟区接壤的岭南台村所修建的京西四合院，也是一种典型的砖木结构建筑（图6-14）。房屋为木举架结构，门窗和屋顶檐口亦采用木结构，屋顶铺设当地烧制的筒瓦。墙体材料主要为毛石和青砖，四脚以青砖磨砌，外面抹灰。东、西、北三面墙体均封闭无窗，南墙有木柱。

冀中片区平原地带的民居采用木构架、青砖墙体结构。院墙高大，房屋仅朝向院落开窗。屋顶以硬山顶为主，部分为卷棚硬山顶。[3]冀中片区经济条件较好的村落，建筑在门头、窗框、檐口、屋脊处有较为精美的雕刻（图6-15）。

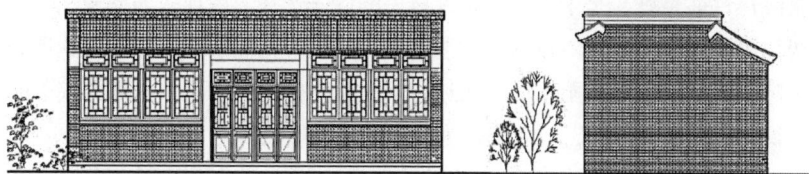

图6-13 圈头村（冀中片区）赵小銮民居立面图
（图片来源：保定市城乡规划设计研究院有限公司. 河北省安新县圈头村传统村落保护发展规划［Z］. 2017.）

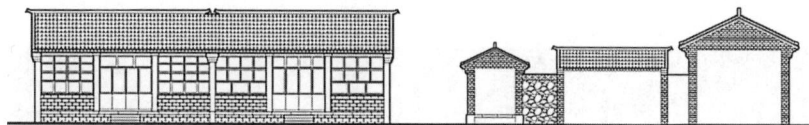

图6-14 岭南台村（冀中片区）王文金、李季平民居立面图
（图片来源：保定市城乡规划设计研究院有限公司. 涞水县九龙镇岭南台村传统村落保护与发展规划［Z］. 2017.）

图6-15　南腰山村（冀中片区）王氏庄园鸟瞰

6.2.2　石木结构建筑

石木结构的民居建筑主要出现在山区，多分布在井陉亚区、邢台亚区和沙河亚区。这是因当地盛产石材，而砖的加工运输成本较高。此类建筑除屋架和门窗外，墙身主体部分基本都使用方形大石块作为砌筑材料，整体风格粗犷；在嶂石岩地貌区域使用巨型红色石块砌筑多层建筑时，会营造出更为震撼的视觉效果。

井陉亚区、邢台亚区留存着大量的石头房传统村落，平顶石木房是其中一类，它的墙体和地面均为石材，少部分墙体采用混砖砌筑，屋顶形式为平顶。以青石作为主体建筑材料，少量用砖，因而造价低廉、坚固实用且隔热性能良好，是中等经济条件村民的优先选择。屋顶多为抹灰平顶，可以晾晒粮食或衣物。在秋季常能见到因晾晒谷物而出现一片金色屋顶的独特美景。屋顶设有雨水口，通过有组织排水排除屋面积水。部分院落的门窗饰有精美的砖雕，与装饰较为简单的室内形成对比（图6-16）。

此外，邢台亚区的山区土地较为贫瘠，树木多数生长不良，加之交通不便，难以获得较好的砖、木材料。长期以来的封闭环境促使生活在此地的村民不得不充分利用既有自然资源，以此改善生存环境和生活条件。山上取之不尽、用之不竭的石料成为他们主要的建筑材料，形成此

图6-16　神头村（邢台亚区）平顶石头房鸟瞰、街景

地特有的石板石头房。除了梁、檩条、椽子采用少量木料外，其余材料全部用石英砂岩替代。石板片用来盖顶，石条或石块则用于砌筑民居墙体。石材的优点在于强度、硬度和耐久性均较好，石墙一般可垒至5～6米高。再用石板盖顶，防火、防潮且冬暖夏凉。但也由于石料厚重，窗洞开口小，导致石板石头房的采光普遍较差。[8] 出于防卫的考虑，建筑外部立面与内部立面略有不同：内部立面门窗洞口稍微大些，造型丰富、细节美观；而外部立面则多为两三层高，除了必要的门窗洞口之外，很少有复杂的装饰，造型简单、大方。例如英谈村和桃树坪村，村落随山势而建，远远望去，大片红石建筑构成的整体轮廓与村后嶂石岩地貌连绵起伏、雄伟壮观的山势浑然一体（图6-17）。

瓦顶石头房属于沙河亚区典型民居的一种，建筑采用规整石块砌筑墙体，合院屋顶通常采用"三瓦一平"的设置，即正房和厢房多修建2～3层并起脊扣瓦，而入口所在的倒座则多为单层平屋顶建筑。[9] 最为典型的是石门沟村的高增贵庄园，俗称高家大院（图6-18）。由于高家祖上是沙河西部有名的财主，清代至民国初年，陆续在山坡上修建了东西向排列的5座多进大院。高增贵年轻时曾赴德国留学，受德国庭院的影响，修建了一座具有西洋装饰元素的院落。正房为两层坡屋顶石木结构，东西厢房为平房。倒座正中入口处为青砖平屋顶结构，平台垒砌镂空女儿墙。大门墙面装饰有凸起的菱形纹饰，具有较高的辨识度。倒座平台两侧各起一座两层阁楼，使入口空间具有瞭望和守卫的功能。同时，整座院落都被高大厚重的石墙围绕，体现了主人较强的防御意识（图6-19）。

图6-17 英谈村（邢台亚区）石板石头房实景

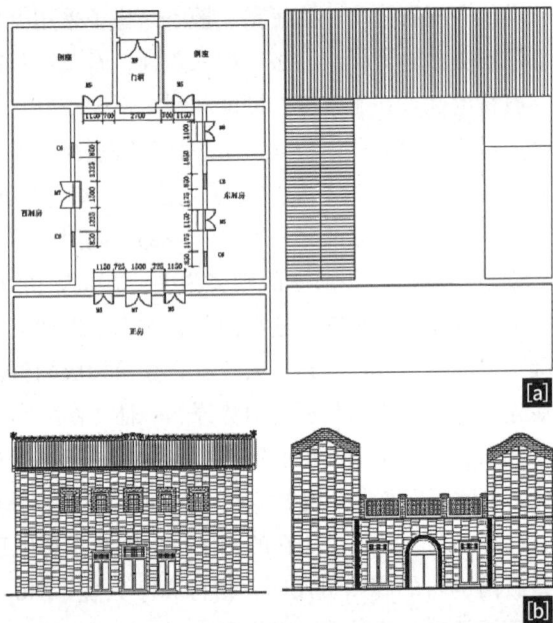

图6-18 石门沟村
（沙河亚区）瓦顶石
头房（高家大院）平
面[a]、立面图[b]

（图片来源：石家
庄市宁辉城乡规划
设计有限公司. 沙
河市石门沟村传统
村落保护发展规划
[Z]. 2017.）

图6-19 石门沟村高家大院入口实景及鸟瞰

6.2.3 土木结构建筑

土木结构的民居主要分布在蔚县亚区，该地区民居建筑多采用青砖与夯土砖相结合的营造手法，当院落主人较为富足或有较高社会地位时，院落中青砖的使用比例较高；当院落主人经济条件较差时，则更多地使用夯土砖（图6-20）。除了蔚县亚区，邯郸亚区的原曲村、固新村的民居也使用土坯墙和木构架的组合形式（图6-21）。屋顶多采用双坡悬山顶或硬山顶形式。正立面使用木材，装饰细部精美，山墙多用土坯砖砌筑，正门开设在院落中部。这两个传统村落中的民居多为一或两层，一层作为生活起居空间，二层则用于粮食和农具的储存。合院临街的围墙不对外开窗。

图6-20 闫家寨村 [a]、大固城村 [b]（蔚县亚区）土木结构民居群鸟瞰

图6-21 原曲村（邯郸亚区）民居典型正房 [a]、倒座 [b] 实景

（图片来源：河北信达城乡规划设计院有限公司. 涉县固新历史文化名镇保护规划 [Z]. 2010.）

6.2.4 拱券结构建筑

上述三种结构类型的民居，虽然建筑主体不同程度地使用了青砖、石块和土坯砖等材料，但都不约而同地使用木材作为屋架材料。而在井陉亚区和怀安–怀来亚区，分别出现了利用石块和夯土砖发券建造的窑洞式建筑，实现了单一材料既作为建筑围护系统，又作为承重系统的同时建造。

石窑是井陉亚区比较常见的民居类型，同时也是该地区独有的建筑类型，与河北其他地区木屋架平顶石头房的屋面受力结构不同，石窑以石块砌筑拱券，作为屋面的承重结构。[10] 建筑墙体十分厚实，因此室内空间较为局促，但同时也获得了较好的墙体热稳定性。此类民居往往背山面水平行于等高线逐层布局，下一层院落的正房屋顶可作为上一层院落的晾晒、活动平台（图6-22）。

在怀安–怀来亚区中，除了与蔚县亚区较为相似的硬山顶合院民居外，怀安县还分布着大量的土碹窑，极具地域特色（图6-23）。由于怀安县地处黄土高原与华北平原的交界处，木材较为匮乏，但当地的土质具有一定的胶结力，黏性较大，便于挖掘或制作土坯。加之气候冬冷夏热，空气干燥，且该地开阔平坦，为建造土碹窑提供了有利条件。与陕西、山西等地的靠崖式窑洞不同，怀安土碹窑的特色在于"碹"。"碹"是指用砖、石等筑成弧形，具体做法是用黏性较大的黄土混合黍秆制成拱形泥土板，待定型后用搅拌好的湿草泥作为粘合剂，将弧形砖从后往前逐层垒砌。板墙因需承受拱顶的侧推力，所以厚度通常能达到700～800毫米；而窑背墙需要更强的牢固性，厚度可达1000～1200毫米，最终碹成模板化的怀安拱形土窑洞（图6-24）。

除此之外，还有运用拱券结构与其他结构形式相结合的案例。如冀中片区深山区的窑上院，其区位交通不便，运输砖材建房代价较高（图6-25）。而山区有充足且易于加工的石材，成为天然的建筑材料。[11] 山地缺少平整场地，用以修建规模较大的院落，因此会依据坡地走势，砌筑平顶拱形窑洞，并在其上建设完整合院。由于石窑没有明显的建筑外观体量，更像是自然山体的延伸，原生的风貌与周遭环境极为契合。此类石窑不同于用于居住的窑洞，主要用于存放石碾等生产工具。在其上建造的民居，通常坐北朝南，采用砖、石、木等混合材料，硬山瓦顶的屋顶

图6-22　地都村（井陉亚区）典型石窑三合院鸟瞰 [a]、平面图 [b]

图6-23　朱家庄村（怀安-怀来亚区）土碹窑立面图 [a]、室内实景 [b]

形制，并有院墙加以围合。这种下窑上院的建筑组合形式，不仅巧妙地解决了山地空间带来的建设难题，更将民居生产与生活空间有效分离，提高了居住空间品质，别具地域特色。

与冀中片区在石窑平台上完整修建的院落不同，平山亚区的窑楼民居（图6-26）则是一座正面单层，背面两层的单体建筑。窑与民居形成一个整体，院落其他配房则相对独立。这种营造手法多出现在垂直于等高线爬升的街巷两侧，前文中的戏台及磨坊都在不同程度上运用了这种石砌高台与夯土木架相结合的形式，使建筑能够有效地解决坡地高差带来的场地平整难题。窑楼民居一层石窑空间修建的核心目的是解决地形高差，兼顾储存及生产功能，并且与二层建筑的朝向相反，直接面对院落外围空间。例如九里铺村的李书林祖宅，充分利用地形，一层为三

图6-24　东沙城村（怀安—怀来亚区）土碹窑鸟瞰

图6-25　刘家庄村（冀中片区）石窑及窑上院立面图 [a]、实景 [b、c]
（图片来源：保定市城乡规划设计研究院有限公司. 河北省顺平县刘家庄传统村落保护与发展规划 [Z]. 2017.）

孔石砌窑洞，窑洞门面朝南；二层为坡屋顶木结构建筑，门窗朝北，墙体为夯土材质，三开间布局，面阔12米，进深4.3米。[12]

图6-26　九里铺村（平山亚区）窑楼民居实景［a、b］、平面、立面、剖面图［c］

（图片来源：河北和恒城市规划设计有限公司．石家庄市平山县杨家桥乡九里铺村传统村落保护发展规划［Z］．2017．）

6.3　本章小结

河北传统村落中的民居类型极为多样，其结构选型、空间布局、规模形制、构造细部、材料装饰等具有很大的差异性。本章从合院空间和民居建筑两个方面分析河北传统村落的院落特征。在合院空间层面，通过对4个研究片区的分析可以发现，合院是河北传统村落民居的主要空间组织形式，也是村落中微观空间的主要组成部分。这些民居院落以三合院、四合院为主，建筑尺度、庭院形状，以及院落空间组合模式受地形、交通、经济等条件的制约，在不同地域有所差异。在民居建筑层面，以"材料+结构形式"为分类标准，通过对砖木结构、石木结构、土木结构、拱券结构4类民居建筑的对比分析，可以发现砖木结构是应用及分布最为广泛的类型，石木民居多修建于太行山区，土木民居常见于西北高原盆地。这些民居在不同的自然、经济、社会条件下，充分利用有限的资源，创造出了适应当地生活的庇护场所。

参考文献

[1] 魏雪琰. 河北井陉县于家村传统聚落初探［D］. 武汉：华中科技大学，2005.

[2] 李光磊. 冀南武安地区的"两甩袖"院落式传统民居研究［D］. 西安：西安建筑科技大学，2015.

[3] 中华人民共和国住房和城乡建设部. 中国传统民居类型全集：上［M］. 北京：中国建筑工业出版社，2014.

[4] 保定市城乡规划设计研究院有限公司. 涞水县九龙镇岭南台村传统村落保护与发展规划［Z］. 2017.

[5] 张锋，任智英. 论怀安碹窑民居的景观特色与人文特质［J］. 艺术百家，2013，29（S2）：117–118.

[6] 孙瑞. 蔚县地区民用防御聚落空间形态特征研究［D］. 北京：北京建筑大学，2018.

[7] 任登军，徐良，张慧. 蔚县传统民居院落空间文化［J］. 重庆建筑，2015，14（06）：13–15.

[8] 李久君. 太行山南部地区民居建筑的技艺特征探析［M］//刘甦. 传统民居与地域文化：第十八届中国民居学术会议论文集. 北京：中国水利水电出版社，2010：223–225.

[9] 王哲. 基于BIM的冀南传统民居持续再生利用研究［D］. 天津：河北工业大学，2015.

[10] 郑正强. 大山深处的屯堡：小城故事［M］. 石家庄：河北教育出版社，2003.

[11] 保定市城乡规划设计研究院有限公司. 河北省顺平县刘家庄传统村落保护与发展规划［Z］. 2017.

[12] 河北和恒城市规划设计有限公司. 石家庄市平山县杨家桥乡九里铺村传统村落保护发展规划［Z］. 2017.

07

河北传统村落
区域间共性与
个性特征比较

通过第2～6章从整体到局部的样本分析，不难发现河北传统村落由于南北空间跨度大、生成环境多样，不论是村落整体布局、空间结构，还是公共空间、院落组团，都存在复杂性与差异性。村落空间分布与分区研究为拆解这一复杂命题、类型化地开展研究提供了有效依据。而针对各片区、各要素的深入研究，则能为详细剖析、总结不同地域样本组群特征打下坚实的基础。本章通过将要素横向比较的方法，提炼河北传统村落各片区间的共性与个性，形成"整体-局部-整体"的研究闭环，进而建立对河北传统村落空间特征的系统性认知。

7.1 区域间共性特征比较

总体而言，河北传统村落区域间的共性，基本上都是整体性、规律性、原则性的内容，体现了长久以来人类直面自然、适应自然，最终与自然和谐共生的生存哲学。

7.1.1 村落与选址

1. 村落选址的基本原则

聚落作为人类直面自然的最为初级、朴素的庇护所，在古代生产力低下的物质基础上，不可能像城市那样，通过大量主动性的建造手段来创造适宜生产、生活的人居环境。因此运用智慧，巧妙地在自然与生存之间找到契合点，顺应自然，取得发展，是村落营建的基本规律。纵观河北各地传统村落，不论是在太行山区、华北平原，还是蔚县盆地、白洋水淀，虽然不同村落因各自所处的环境不同，而呈现出区别化的择址特征，但背后却体现出极为近似的基本原则。

这一原则可以概括为"背山面水顺势，居高亲水敬水，邻近农田要道"。"背山面水顺势"指的是村落择址时遵循中国传统文化中堪舆学的要求，选择具有良好水源和日照的地区营村，顺应地势走向，注重与地形地貌特征相结合。"居高亲水敬水"强调了村落与水的关系，居高不仅有利于通风采光，同时帮助村落规避水患；选择靠近河流或人工水渠，为农业生产和村民生活提供充足的水源；基于河北地区季节性降雨的特点，注重汛期洪水的疏导和旱期的水资源贮存。"邻近农田要道"体现村落对于生产资源的重视。通常情况下，村落内建筑院落集中布局，村落外就近开垦农田。古代没有机械化设备，邻近农田可以有效节省劳作成本；靠近要道是河北传统村落与太行八陉关系紧密的外在表现，同时也体现了村落发展的基本诉求。便捷的交通自古至今都对村落的稳定发展具有深远的影响。

2. 村落选址与水环境

水是人类生存的源泉，水环境是村落择址时的重要考虑因素。河北传统村落分布的区域，多数都均面临严峻的水资源短缺及水患频发的情况，以下将从宏观、中观、微观三个层面论述村落择址与水资源的密切关系。

宏观层面，河北传统村落大多与各级水系有着不同程度的联系。其中，关系较为密切的河流由北向南有洋河、桑干河、唐河、滹沱河、绵河、冶河、甘陶河、滏阳河、沙河、洺河、漳河等，大量村落样本分布在这些河流流域。海河水系5条重要支流中的子牙河、永定河水系，更是将这些河流构成了南北串联之势。最为特殊的情况出现在白洋淀一带，圈头村作为淀中规模最大的村落，也成为河北传统村落样本中唯一的水乡村落。

中观层面，通过实地调研可以发现，除了滹沱河、甘陶河、洺河等水量相对充沛的河流之外，由于气候、环境变迁以及人类对自然的长期索取，绝大多数村落所毗邻的河流都已干涸，仅保留泄洪的作用，以至于村落仅能依靠水井获取生产生活用水。也正因为如此，河北传统村落在中观层面展现出来的水环境感受与宏观层面截然不同。由此也形成了其区别于南方村落的干旱、粗犷的总体印象。

微观层面更多体现的是村民主动应对水环境潜在威胁以及收集利用水资源的措施。分布于山地、丘陵的村落，格外重视排水体系的修建。蔚县亚区村落利用台地、邢台亚区村落修建行洪沟、邯郸亚区村落开凿排水渠，沙河亚区村落营造蓄水池。

7.1.2 村落与太行八陉

太行八陉自古为逐鹿中原的必争之地，也是古代联络河北、山西、河南三省经济、交通的命脉，在太行山的阻隔中，提供了东西方向的重要通路。如果说子牙河、永定河以水系的脉络间接串联了南北分布跨度近500公里的传统村落，那么太行八陉及其重要节点，则是探寻河北传统村落样本空间分布规律的直接线索。

以本书的核心类型化研究单位"亚区/片区"为分析单元，逐一梳理与其相关的太行八陉数量、古陉与村落的关联程度、直接途经村落，以及古陉对村落空间的影响4个要点，其结果如表7-1所示。

有5个亚区/片区（井陉亚区、邯郸亚区、冀中片区、蔚县亚区、怀安-怀来亚区）与太行八陉中的井陉、滏口陉、蒲阴陉、飞狐陉、军都陉关联密切。而在这5个区域中，多数村落分布在古陉的主要影响范围内，并有一定数量的村落分布于古陉沿线。

在各亚区/片区中，受秦皇古驿道影响，井陉亚区是与古陉关系最为密切的亚区，共有14个村落样本分布在驿道沿线；邯郸亚区由于地貌复杂多变以及滏口陉宽阔曲折的空间格局，古陉影响范围内分布有大量传统村落，直接分布于古陉沿线的传统村落共有4个；飞狐陉和军都陉的主要路径在山区内，蔚县亚区和怀安-怀来亚区仅有个别村落样本分布在古陉沿线及其影响范围内；冀中片区因蒲阴陉富于争议的空间位

河北传统村落与太行八陉关联度　　　　　　表7-1

编号	亚区/片区	关联八陉	古陉与村落的关联程度	直接途经村落	村落空间影响
I-1	井陉亚区	井陉	大量集中分布在古陉沿线，其他村落分布在古陉影响范围内	地都村、南峪村、宋古城村、小龙窝村、核桃园村、长生口村、庄旺村、板桥村、石桥头村、东关村、北关村、河东村、北平望村、赵村铺村	古驿道穿村而过，所在主街成为村落空间的唯一轴线，院落沿主街两侧展开布局
I-2	邢台亚区	—	—	—	—
II-1	邯郸亚区	滏口陉	大量村落分布在古陉影响范围内，个别村落分布在古陉沿线	冶陶村、固义村、北侯村、金村	村落中与古陉同方向的主街，成为村落空间的重要轴线
II-2	沙河亚区	—	—	—	—
II-3	平山亚区	—	—	—	—
III	冀中片区	蒲阴陉	半数村落分布在古陉影响范围内		
IV-1	蔚县亚区	飞狐陉	个别村落分布在古陉沿线，半数村落分布在古陉影响范围内	北口村	村落分布在古陉西入口处，格局呈放射状
IV-2	怀安-怀来亚区	军都陉	个别村落分布在古陉沿线及其影响范围内	鸡鸣驿村	村落中与古陉同方向的主街，成为村落空间的重要轴线

置，仅可确认若干村落样本分布在古陉影响范围内。

古陉走向对村落的空间格局产生了较为重要的影响。驿道在井陉亚区是沿线村落的主街，并且成为村落唯一的轴线，院落沿其两侧展开布局。在邯郸亚区、怀安-怀来亚区，村落中与古陉同方向的主街，成为村落空间的重要轴线。此外，因古陉而导致的连年征战，也使得其影响范围内的传统村落，尤其是民居院落，具有较强的防御性和内向性，以便在战时保护村民的生命财产安全。

7.1.3 村落与城镇

1. 形成时间

聚落虽然是人类最为原始的群体居住形态，是农耕文明延续千年的重要载体，但由于自然灾害和战争的破坏，至今仍有人类居住且保留较为完整的村落，其可追溯的建成历史不过千年。更久远的历史信息，多为文献记载或非建筑形态的遗址遗迹。例如，中国已发现年代最早的砖木结构民居建筑——山西高平"姬氏民居"，根据其青石门墩所刻文字"大元国至元三十一年（1294年）岁次甲午……姬宅置"，可知其建成年代为元代，它也是我国元代民居建筑的孤例。[1]

在河北传统村落中，建成年代在元代及以前，规模相对较大，甚至在历史上为区域重镇的传统村落有：井陉亚区的宋古城村，邯郸亚区的原曲村，冀中片区的北康关村，怀安-怀来亚区的鸡鸣驿村、开阳村，蔚县亚区的大固城村。其中，井陉亚区的古驿道自战国时期便修建完成，因此沿线村落的建成时间普遍较早，且村与陉至今仍保持着密切的关系，是河北传统村落样本中平均建成年代最早的亚区。

研究样本中的现存民居，其最早建成年代大约为明代，其历史短于或等于村落的形成年代，其余大部分为清及民国时期所建。有一定数量建于20世纪50～70年代的民居与历史建筑一同混杂在传统民居群落中，而20世纪80年代后建造的民居数量最多，通常大于传统建筑的总数。当代建设的部分大多分布在老村的外围，或呈环抱之势，或集中在一隅。

公共建筑因其公共属性，长期以来得到了更好的维护和修缮，因此始建年代平均要早于现存民居，建成年代甚至可追溯至元代或更早。

2. 影响机制

是乡村聚落影响城市，还是城市影响乡村聚落，这是一个永恒的话题。现存河北传统村落的形成年代主要为元、明、清三个时期，年代更为久远的村落数量较少，且鲜有物质遗存保留至今。而这些传统村落邻近地区历史城镇的形成年代却要久远许多，虽然其物质遗存在不同时期均有破坏和重建，但其整体格局、形制却得到了较好的传承，且在一定程度上，对传统村落的格局产生了影响。与此同时，中国古代城郭布局的某些原则，也无形中影响了河北传统村落的空间格局（图7-1）。

例如始建于北周的蔚州古城，虽然在明洪武年间重筑城墙，但其仅修东、西、南三门，不建北门，并在北城垣上建玉皇阁的布局特征，对蔚县亚区传统村落居北修建真武庙的空间原型布局有着极为深刻的影响。

又如源于《周礼》城市布局的里坊制，为了治安和军事的需要，以主街为轴线，住宅区以"坊"的短墙加以区隔，呈棋盘状布局模式。这

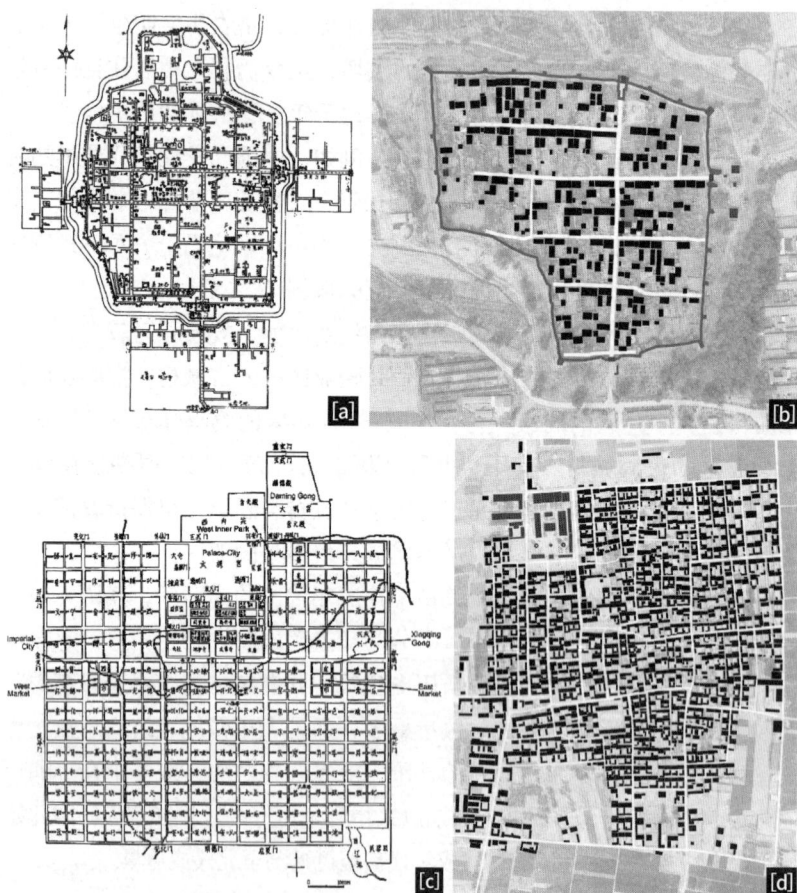

图7-1 蔚州城 [a] 与单堠村 [b]（蔚县亚区）以及唐长安 [c] 与国公营村 [d]（冀中片区）格局对比

（图片来源：河北省蔚县地方志编纂委员会. 蔚县志 [M]. 北京：中国三峡出版社，1995；STEINHARDT N S. Chinese Imperial City Planning [M]. University of Hawaii Press，1990.）

样的营建特征，在邯郸亚区的许多传统村落中都可见到。这些村落呈方格网式布局；出于防御需求，院落具有很强的内向性，并且在部分巷道中修建了可关闭的巷门，形成组团联防机制。

里坊制发展到隋朝末年，因经济发展和百姓生活的需求，逐渐演变成"街巷制"。北宋开封的居住区采用八厢管理制度，厢里的院落在街巷内开门，不少集市分布在街巷中人流量较多的地方，使商业得以繁荣发展。这种空间特征在井陉、邯郸等地驿道沿线的传统村落中都可发现。即驿道所在主街具有较强的开放性，民居则具有一定的封闭性，对商贸经济的发展起到了促进作用；同时，也较好地保障了村民日常生活的私密性。

乡村聚落是城市的原始形态，是城市发展的原型。但是随着历史的演进，传统村落不断地历经消亡与重生。现存的河北传统村落，因其形成年代、遗存保留等原因，受到历史城镇布局的反哺；进而，结合各具特色的地形地貌等自然条件，形成了如今的空间特质。

另一个需要探讨的问题是当代城市发展对传统村落的影响。快速城镇化对传统村落的强烈冲击是深刻且不可逆的。最极端的案例是井陉亚区的卢峪村（图7-2），笔者在2019年进行田野调查时，发现其已因修建高速公路而被拆除。查询Google Earth卫星图，发现2018年2月，村落肌理依然清晰可见，而同年12月该村便以高速公路建设工地的面貌呈现。卢峪村的形成历经百年，又花费数年时间才于2016年12月入选第四批中国传统村落名录，但从版图上彻底消失却只用了不到10个月的时间。城镇化所引发的其他一系列冲击，虽没有上述案例那般极端，但在河北传统村落中却随处可见。不论是村落人口的空心化、老龄化，还是保护修缮资金匮乏、产业结构薄弱，这一切都如同慢性病一样，不断蚕食着老村旧院。因此，尽可能地记录这些宝贵遗产的历史信息，分析、

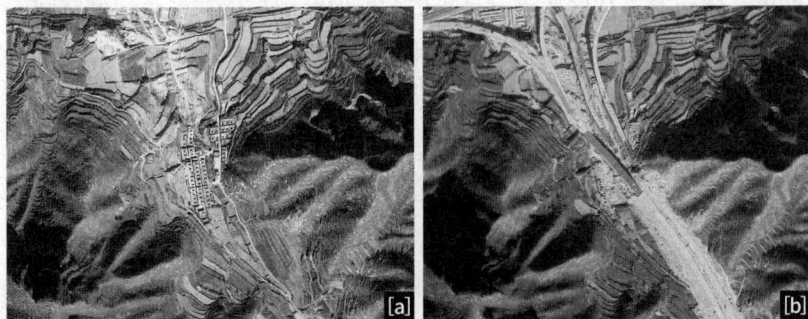

图7-2　井陉亚区卢峪村2018年2月 [a] 与12月 [b] 村落肌理变迁

总结其中的特征与规律，进而传承传统村落背后蕴藏的文化内涵与传统智慧，迫在眉睫。

7.2 区域间个性特征比较

河北传统村落各区域的个性也是其特征的重要组成部分，体现了同一省份在不同自然、历史、经济、社会要素影响下，村落形态的多样性。

7.2.1 村落的聚集与分散

1. 村落密度

首先需要指出的是，由于城镇化进程，本书分析的传统村落密度，仅能代表保留有较好物质遗存且被评选为国家级传统村落研究样本的空间分布情况，所呈现的规律具有一定片面性。此外，因为河北各地现存的传统村落数量差别较大，所在行政区划的面积也不尽相同，且传统村落分布相对集中，并非均匀布局在各分区/亚区内。笼统地采用村域面积/行政区划面积的办法计算村落密度，并不能够客观反映不同地域间传统村落的聚集情况。因此，本节主要从各区域村落的数量、分布特征、平均村落间距、村落规模来开展相关分析。

河北山地村落的耕地面积有限，通常紧紧围绕在建筑群落周围，开垦通常止于山体、河流等自然边界，各村落的空间距离也多因这些自然阻隔而产生。此外，较早分布在平原、丘陵地带的传统村落，随着人口的繁衍，不断向四周扩展，形成了人口较多、房屋布局紧凑、街巷格局清晰的大型聚集村落。然而，整个华北平原村落的密度仅为长江流域的1/5～1/10，山地村落的密度更是远远小于这一数值。[2] 也就是说，就村落个体而言，其房屋建设是集中的；但纵观村落在整个地域空间的分布情况，尤其是与南方相比，却是分散的。[3] 广义"村落"的分布密度要远大于传统村落样本的分布密度。对河北传统村落分布间距的研究，其目的在于总结不同区域村落当今的保存状态以及空间关系。

从表7-2中的统计数据可以看出，河北传统村落样本分布较为密集的区域为井陉亚区、沙河亚区、蔚县亚区，中心区域村落平均间距为0.5～2公里，外围区域村落平均间距为2～8公里，村落分布密度呈现出由中心向外围递减的显著趋势。邢台亚区、邯郸亚区、平山亚区的村落密度次之，但其村落分布较为平均，村落间平均距离为2.5～8公里。冀

编号	亚区/片区	样本数量（个）	分布特征	平均间距（公里）	村落规模
Ⅰ-1	井陉亚区	48	整体密集程度较高，呈现由中心向外围递减的趋势	中心：1~2；外围：5~8	中等
Ⅰ-2	邢台亚区	18	整体分布相对松散	4~8	中等
Ⅱ-1	邯郸亚区	44	整体分布均匀，村落间距适中	2.5~7.6	中等偏大（除深山村落）
Ⅱ-2	沙河亚区	22	分布集中且密集	1~3	中等偏大（除深山村落）
Ⅱ-3	平山亚区	4	数量较少，相对集中	2~5	中等偏小
Ⅲ	冀中片区	12	在东西方向超大跨度分布，整体密度稀疏	10~30	中等偏大（除深山村落）
Ⅳ-1	蔚县亚区	40	整体密集程度较高，呈现由中心向外围递减的趋势	中心：0.5~15；外围：2~3.5	中等偏小（除堡外建设区）
Ⅳ-2	怀安-怀来亚区	12	沿东西方向分布，总体密度不高，数量西多东少	怀安：2~2.5；怀来：20~40	中等偏小（除鸡鸣驿村、开阳村）

中片区的传统村落在东西方向超大跨度分布，整体密度稀疏，平均间距为10~30公里。怀安–怀来亚区的村落聚集情况比较特殊，沿东西方向分布，数量西多东少，继而形成怀安村落平均间距2~2.5公里和怀来村落平均间距20~40公里的巨大差异。

2. 村落规模

河北传统村落样本的规模清晰地呈现出由北向南、由山地丘陵向平原递增的趋势。根据村落规模与形成年代的信息统计，可以得出一个较为清晰的规律，形成较早的村落（元、明时期），多数情况其规模要大于清代形成的村落。这说明了两个基本特征：

第一，历史悠久的村落往往选址更优（分布于河谷或平原地带），在没有突发历史事件或自然事件的情况下，村落发展具有很强的延续性，这些村落历经百余年逐渐发展扩张。[3]同一区域内村落规模的差异，反映出村落建成时期的早晚：一般说来，规模较大的村落形成较早，而其周边的小村则可能是从其中分化出来，或者是由后来者新建的。[2]例如有大量山西移民村的邯郸亚区，其中规模较大的册井村的历史，相较于其他村落，就要久远不少。这种大、小规模村落混合分布的情况，可从一个侧面反映出地域发展和社会变迁的历史进程。

第二，河北省传统村落的发展主要受自然和人为两方面因素的影响：一方面，与南北自然资源的差异息息相关，例如分布在太行山山麓、华北平原的村落，其自然资源，尤其是耕地和水资源显然大大优于分布在北部山区、盆地的村落。另一方面，也与区域间的军事事件和交通发展有着密切的联系。例如蔚县传统村落长期面临战争和匪患的压力，由于地势平坦，必须据守在夯土堡墙内发展，很难扩展面积，因而形成了堡套堡、连环堡的特殊组团形式。随着时代变迁，没有了战争威胁，大量新建民居才逐渐在堡墙外蔓延，村落规模才得以扩大。

7.2.2　村落与文化

1. 文化对传统村落空间的影响层次

通过对河北各个亚区/片区范围内重要的历史文化进行梳理（表7-3），可以发现河北千年以来涌现出数量众多的多民族文化和历史事件。这些具有不同表征的文化在漫长的历史过程中，融合为区域内在的多元文化基因。

历经长期的战争和民族迁徙，民族作为特定文化的活态载体，在河北传统村落发展的不同阶段起到了不同的促进作用。总体而言，由于河北属于汉文化的主要影响区，其主体民族是汉族，其文化内核是燕赵文化、京畿文化。与此同时，少数民族在这一历史进程中，也扮演了重要的角色，起到积极的推动作用。通过对样本村落的实地调研与资料梳理，可以发现受少数民族历史文化影响的区域主要有冀中片区和怀安-怀来亚区。满族是冀中片区最具影响力的少数民族，他们于清初通过圈地、驻防迁入保定。清顺治元年（1644年），清朝廷下令在京畿圈占土地，分给诸王、勋臣、兵丁等。并在这些圈占的土地上设立内务府庄园（皇庄）、宗室庄园（王庄）、八旗粮庄（官庄）和旗丁份地。南腰山村的王氏庄园就是在这样的历史背景下修建的。[4]怀来的回族历史悠久，伊斯兰教自明代（1628年）传入该地[5]，随着道路交通的不断发展，不少穆斯林商人源源不断地迁入并经商定居，促进了该地的社会发展。麻峪口村便是一处主要的穆斯林聚居地，清真寺成为村中重要的公共建筑。

由于村落直面自然生存挑战的特殊属性，多样文化对于村落空间的影响自然呈现出显性与隐性两种情况。也就是说，各亚区/片区中丰富的历史文化，并非都能对传统村落的空间产生直接影响。只有当这些文

编号	亚区/片区	关联民族	区域重要历史文化	显性影响文化
I-1	井陉亚区	汉	太行八陉（井陉）文化、秦皇古驿文化、井陉窑文化、仰韶文化	太行八陉（井陉）文化、秦皇古驿文化、井陉窑文化
I-2	邢台亚区	汉	邢窑文化、大运河文化、长城文化、燕赵文化、扁鹊文化	扁鹊文化
II-1	邯郸亚区	汉	磁山文化、磁州窑文化、赵文化、曹魏建安文化、广府太极文化、成语典故文化、边区革命文化、太行八陉（滏口陉）文化、晋文化（山西移民）、旱作梯田文化	边区革命文化、太行八陉（滏口陉）文化、晋文化（山西移民）、旱作梯田文化
II-2	沙河亚区	汉	冶铁文化、女娲文化、	冶铁文化
II-3	平山亚区	汉	中山国文化、仰韶文化、革命文化	—
III	冀中片区	汉、满	杜康文化、太行八陉（蒲阴陉）文化、白洋淀文化、抗战文化、尧文化、定窑文化、京畿文化、革命边区文化	杜康文化、太行八陉（蒲阴陉）文化、白洋淀文化、抗战文化
IV-1	蔚县亚区	汉	边塞文化、燕云十六州（蔚州）文化、太行八陉（飞狐陉）文化、剪纸文化、村堡文化	边塞文化、太行八陉（飞狐陉）文化、村堡文化
IV-2	怀安-怀来亚区	汉、回	邮驿文化、边塞文化、太行八陉（军都陉）文化	邮驿文化、边塞文化、太行八陉（军都陉）文化

化与经济、军事、农业、自然等要素的关系较为密切时，才会产生显性影响。

例如太行八陉的文化在很大程度上影响了传统村落的分布；井陉窑的生产文化反映在了南横口村中特色生产建筑的布局上；扁鹊文化促成了神头村的产生；杜康文化的重要历史遗迹至今仍在北康关村保留；鸡鸣驿成为古代邮驿文化的重要空间载体；邯郸、保定的不少传统村落在抗战时期成为八路军的重要根据地，如今已成为红色文化的教育基地。

而诸如燕赵文化、磁山文化等，则是作为河北传统村落生成发展的历史背景而存在，在村落空间及生成环境中鲜有直观体现，更多反映在人群的价值观、生活习俗等内容上。打破以往生硬罗列区域历史文化的定式，重点关注对空间具有显性影响的文化，将更有助于我们客观地认知河北传统村落有形与无形要素背后的联系。

2. 文化的传播

交通不便的太行山区以及封闭阻隔的高原盆地等，使得河北传统村落在受到不同时期、不同类型的文化影响时，呈现出时间和空间上的相对独立性。通过上述表格的分析不难看出，各个亚区/片区间的主导文化较少交融。但太行八陉的存在，打破了各亚区/片区空间显性影响文化在省域尺度传播的局限，尤其是为山西与河北文化的交融提供了东西走向的"快速通道"。

山西对河北的影响主要有两种渠道：一种是通过明代的山西移民直接产生影响，另一种则是通过太行八陉的空间联系间接产生影响。有意思的是，受到直接影响的村落因为迁徙的缘故，多数并不与山西直接相邻，因而在营建村落时，会优先处理生存问题，文化的内在影响更多体现在院落的特色要素上。受到间接影响的村落，村民主体由河北人构成，但空间上却与山西相邻，地理环境类似，进而导致其院落形态出现了与山西邻近地区近似的情况。因此，通过上述两种渠道受到山西影响的河北传统村落，虽然外在表现上有近似之处，但其内、外部影响却存在着不同程度的差异。

经济条件和生活习俗的差异，导致许多同类型建筑在营造的精细度和装饰的精美度上，与山西仍有不小的差距。更大的不同则在于建筑功能的设置上，尤其是对石窑空间的运用。以与山西接壤的井陉亚区为例，虽然许多村落中修建了石窑，与山西民居中的下窑上屋类似，但井陉亚区的石窑是为填补不同层次高差而修建，不论上层是修建民居还是仅作为通行平台，窑洞的功能更多是安置石碾或存放农具，是一种对山地复杂地形空间的最大化利用。而山西民居的下层石窑空间，更多是居住空间或精神性场所，而非生产性空间。由此可见，并不能用建筑的外在形式简单判断其背后的影响因素。

邯郸亚区的传统村落则可以从相反的方向说明这一特征。在该地区的传统村落中，很大一部分是由明代山西移民所建立，村民因地制宜布局院落，开垦山地、修筑梯田时，展现的仍是传统的风水理念和改造自然的理性策略。而进一步观察却可以发现，这一地区格局规整、建造讲究的四合院的数量要远大于井陉亚区。也就是说，山西的文化通过其移民传入河北，在适应自然、努力生存的同时，会从院落布局的认知、装饰细部的手法中不自觉地流露。因为物质和经济条件不如山西，邯郸亚区传统村落中民居的规模、形制、格局、装饰都被大幅度削弱，但从细节中仍可识别出山西文化的烙印。

3. 非物质文化遗产与村落公共空间

联合国教科文组织（UNESCO）在《保护非物质文化遗产公约》中指出，非物质文化遗产是在各社区和群体适应周围环境以及与自然和历史的互动中，被不断地再创造的，并为这些社区和群体提供认同感和持续感。如果说宏观层面的传统文化在传统村落中被较为隐性地打上了区域精神内涵的烙印，那么河北各地丰富多彩的非物质文化遗产，则通过公共空间，承载了村民的日常生活与节庆习俗，进而成为村民与空间、村民与村民之间产生交互的催化剂，是传统村落集体记忆鲜明的组成部分。

1）非物质文化遗产与传统村落

通过梳理第一批至第四批"国家级非物质文化遗产代表性项目名录"148项、第一批至第七批"河北省省级非物质文化遗产名录"891*项，从中筛选出与传统村落公共空间具有直接关联的典型项目，总结其非遗类型、代表性村落、表演规模和活动场所（表7-4）。经比较分析发现，民俗、传统戏剧、传统技艺是与公共空间关系最为密切的非遗类型。除此之外，传统音乐、杂技竞技、传统舞蹈也需要公共空间来承载。其中，除了传统技艺主要由各类手工艺构成，其他类型的非遗基本上均具有鲜明的表演性质或较强的仪式感。

不同分区中非遗总量的差异，影响了与公共空间有关联的典型非遗数量。井陉亚区典型非遗的数量几乎达到各区域相关非遗总数的一半，主要由井陉拉花、丧葬习俗等民俗类非遗构成；邯郸亚区和蔚县亚区的典型非遗数量次之，其中传统戏剧类非遗扮演了重要角色；而其他亚区/片区与公共空间关系密切的非遗数量较少，仅有1~2项，类型也有着一定的区别。除了九曲黄河阵（九曲黄河灯）这类特殊的非遗项目需要修建专门的场地，其余的非遗项目大多会利用村中已建好的戏台、广场、主街等空间组织活动（图7-3）。

2）非物质文化遗产的空间特征

本书所研究的非物质文化遗产代表性村落的空间特征主要受到表演规模、活动方式、活动场所等方面的影响。表演规模在数十人到百人不等，非遗多为祭祀、庆典类民俗，它们历经长时间发展，逐步形成区域性的文化盛会。例如，井陉亚区的台头邪彤祭典，是源于对药王邪彤的祭祀活动。除了祭典，还会有拉花、杂技、旱船、高跷等由邻近村落文艺团体共同参演的活动。由于活动规模大、持续时间长，活动场所不仅

编号	亚区／片区	典型非遗	批次	非遗类型	代表性村落	表演规模	活动场所
Ⅰ-1	井陉亚区	井陉拉花	国一	传统舞蹈	南平望村	数人	广场
		南张井老虎火	国二	民俗	南平望村	数人	广场
		晋剧	国三	传统戏剧	核桃园村	数十人	舞台
		九曲黄河阵	省三	民俗	板桥村	上百人	广场
		丧葬习俗	省三	民俗	—	—	全村
		干磉石墙	省三	传统技艺	南张井村	—	全村
		绵河水磨技艺	省三	传统技艺	地都村	—	河岸
		台头邳彤祭典	省四	民俗	台头村	数百人	广场/主街
		联庄会	省四	民俗	贾庄村	近百人	广场/主街
		梁家鹦塪拳	省四	杂技竞技	梁家村	数十人	广场
		于家石头建筑技艺	省四	传统技艺	于家村	—	全村
Ⅰ-2	邢台亚区	邢台长信排鼓	省二	传统音乐	—	数十人	广场
Ⅱ-1	邯郸亚区	冀南皮影戏	国一	传统戏剧	—	近十人	广场
		武安傩戏	国一	传统戏剧	固义村	数十人	全村
		涉县寺庙音乐	国一	传统音乐	—	数十人	寺院/院落
		磁州窑烧制	国一	传统技艺	张家楼村	—	全村
		苇子灯阵	国二	民俗	贾壁村	数十人	广场
		邯郸赛戏	国二	传统戏剧	—	数十人	广场/戏台
Ⅱ-2	沙河亚区	豆面印花技艺	省一	传统技艺	—	近十人	院落/室内
Ⅱ-3	平山亚区	西调秧歌	省四	传统戏剧	—	近十人	广场
Ⅲ	冀中片区	圈头村音乐会	国二	传统音乐	圈头村	十余人	广场
		圈头村少林会	省三	杂技竞技	圈头村	十余人	广场
Ⅳ-1	蔚县亚区	蔚县秧歌	国二	传统戏剧	曹疃村	十余人	广场/戏台
		蔚县拜灯山	国二	民俗	上苏庄村	数十人	广场/主街
		古民居建筑技艺	省一	传统技艺	—	—	全村
		蔚县打树花	省二	民俗	北官堡村	数人	堡门/堡墙
Ⅳ-2	怀安-怀来亚区	软秧歌	省一	传统戏剧	—	十余人	广场/戏台
		九曲黄河灯	省三	民俗	—	上百人	广场

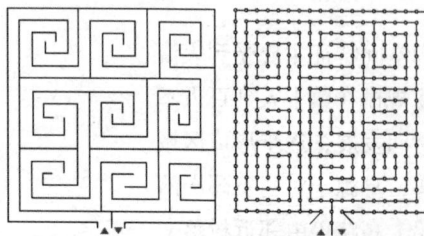

图7-3　九曲黄河阵与九曲黄河灯的平面布局

包括村落广场这样的面状公共空间，还涵盖主街等线性公共空间。

传统戏剧、传统音乐和杂技竞技的表演人数一般为十余人到数十人不等，活动集中在村落广场或戏台之上。如邯郸亚区的武安傩戏，是在祭祀傩舞的基础上发展而来的文化复合体，不仅包括在村落广场上演出的祭祀、队戏、赛戏等传统艺术，而且还有贯穿全村、驱除灾疫的傩仪活动。又如冀中片区的圈头村音乐会，由十余人使用笙、管、笛、云锣、鼓等不同乐器，在广场或临时搭建的戏台上演奏，为祭祀、庆典及丧葬等活动服务。

传统技艺类非遗则通过传统建筑物的营建、生活工艺品的制作，影响着传统村落的建成环境与生产生活细节。如井陉亚区的于家石头建筑技艺、绵河水磨技艺、沙河亚区的豆面印花技艺、蔚县亚区的古民居建筑技艺。

非遗活动的主体通常包括三类人群（图7-4），第一类是非物质文化遗产的表演者，他们构成文化在空间中生成活力的吸引点；后两类分别是观赏非遗活动和参与非遗活动的本村或周边民众。多数情况下，非遗带来的吸引力和共鸣，会使后两者的身份不断发生互换，促使文化活力在村落空间中的提升。不同的非遗项目，人群组织模式极为不同，其表演者和观赏、参与者的数量更是差异显著。诸如井陉亚区的九曲黄河阵、怀安-怀来亚区的九曲黄河灯这类大型参与式的非遗项目，是由若干表演者和大量参与者共同完成的，人群在划定的空间内产生有序的活动，并且灯阵的形式源自古代阵法，表演占据的空间规模较大，具有深刻的空间内涵。邯郸亚区的冀南皮影戏这类演出性质较强的非遗项目，表演者是活动的视觉中心，观赏者围绕表演者层层展开，形成静态半包围动态的行为特征，活动集中，两者的人数规模因活动级别和隆重程度而有差异。平山亚区的西调秧歌和蔚县亚区的蔚县秧歌则代表了游走互动型非遗活动的人群组织模式，即观赏者围绕表演者欣赏非遗活动，邻近表演者的观赏者有时也会受到演出气氛的感染，转变为活动的参与者。当非遗演绎是沿着街巷行进开展时，各类人群也会沿街巷走向线性组织。

除此之外，在河北各地传统村落中，还有着大量未列入国家级、省级非物质文化遗产名录的文化习俗，其中不少以社火的形式存在，在每年春节前后由村民共同参与，成为全村祭祀祈福、迎接新年到来的重要仪式。

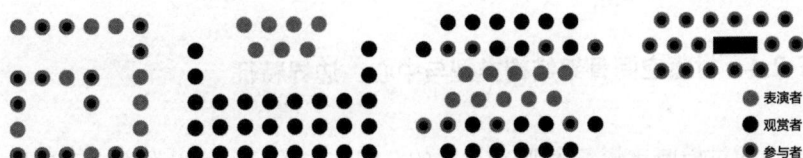

● 表演者
● 观赏者
● 参与者

图7-4 典型非遗活动的人群组织模式

7.2.3　村落布局形态

河北传统村落各亚区/片区的地貌以山地、丘陵两类为主，这一特征深刻影响了村落的整体布局形态。通过横向比较发现，如井陉亚区、邢台亚区、邯郸亚区、沙河亚区、平山亚区的传统村落绝大多数分布在太行山的深山或山麓地区，村落营造的核心内容均是处理与山的关系（表7-5）。冀中片区由于传统村落东西分布跨度较大，囊括了多样的地貌特征，既有山地、丘陵，也有平原、水淀。蔚县亚区和怀安-怀来亚区，因地处相对封闭的桑干-洋河山地盆地，其中丘陵地区的黄土地貌与其他亚区的丘陵环境差异较大。传统村落较为集中的中部地区，有壶流河及其支流清水河、安定河穿过，地势相对平坦。此外，从整体上看，河北传统村落所在区域海拔高度呈现出北高南低、西高东低的态势。村落所处地形的相对高差，以太行山山区村落为最大，冀北片区虽整体海拔较高，但村落生成地形的相对高差远小于冀南、冀西南片区。

各地区传统村落的整体布局均顺应复杂的地形环境，充分体现出村落与自然和谐共生的哲学思想。例如邯郸亚区传统村落针对不同急缓的坡度，既有平缓丘陵延展布局，也有深山谷地随势布局；沙河亚区传统村落根据所处山体的不同位置，形成了山垴缓升布局、山坳蜿蜒布局、山麓扩展布局等类型；平山亚区、冀中片区部分水资源丰富的传统村落，则产生了河谷顺势布局（深山谷地随势布局子类型）、淀中密集布局的独特模式。

除了运用合理布局应对自然挑战，不少村落还因重要的历史文化要素和事件，产生了不同的布局形式。井陉亚区、邢台亚区的一些村落，会围绕古窑、庙宇等人文要素有序渐进布局。为应对连年的战争匪患，邢台亚区、邯郸亚区的很多村落依靠险峻地形修建山寨，保卫村民的生命和财产安全。蔚县亚区和怀安-怀来亚区，更是出现了大量的城堡型村落，不论地形条件如何，这些村落都由完整、高大的夯土墙围合，院落布局成行成列、规整有序。

太行八陉是对河北传统村落产生经济、交通影响的主要因素，井陉亚区和邯郸亚区的不少传统村落样本，因有古陉穿过，整体布局中均会采用以主街为轴向两侧延展的形式。

7.2.4　村落空间骨架结构类型与中心、边界特征

通过横向比较各个亚区/片区的空间结构类型，可以发现由于自然环境对传统村落布局形态的第一决定性，多数村落的空间结构直接呼应

河北传统村落各亚区/片区地貌分布与整体布局形态类型 　表7-5

编号	亚区/片区	主要分布地貌	整体布局形态类型	主导因素
I-1	井陉亚区	山地、丘陵	类型一：山垴缓升布局； 类型二：深山谷地随势布局； 类型三：丘陵谷地有机布局； 类型四：井陉驿道沿线布局； 类型五：村窑共生沿河布局	自然地理、 历史人文、 经济交通
I-2	邢台亚区	山地、丘陵	类型一：丘陵谷地有机布局； 类型二：山地防御石寨布局； 类型三：祭祀庙宇群统领布局	自然地理、 历史人文
II-1	邯郸亚区	山地、丘陵	类型一：深山谷地随势布局； 类型二：平缓丘陵延展布局； 类型三：丘陵谷地有机布局； 类型四：滏口陉沿线布局； 类型五：古山寨布局； 类型六：村窑共生沿河布局	自然地理、 历史人文、 经济交通
II-2	沙河亚区	山地、丘陵	类型一：山垴缓升布局； 类型二：山坳蜿蜒布局； 类型三：山沟紧凑布局； 类型四：山麓扩展布局； 类型五：平缓丘陵延展布局	自然地理
II-3	平山亚区	山地	类型一：深山谷地随势布局	自然地理
III	冀中片区	山地、丘陵、 平原、水淀	类型一：深山谷地随势布局； 类型二：平原行列布局； 类型三：淀中密集布局	自然地理、 历史人文
IV-1	蔚县亚区	丘陵、河川	类型一：南北轴线规则布局； 类型二：东西轴线布局； 类型三：自然顺势布局	自然地理、 历史人文
IV-2	怀安-怀来亚区	丘陵、平原	类型一：方形城郭布局； 类型二：台地围合布局	自然地理、 历史人文

了地形地貌的主体走势，通过对各区域内村落空间结构表征和生成逻辑的提炼，可以归结为山地、丘陵、平原（含水淀）三种自然环境影响下的结构类型（表7-6）。

自然的影响在山地分布的村落中尤为明显，例如井陉亚区的轴线垂直抬升结构、有机格网结构等；邢台亚区的轴线纵深延展结构、平行轴线结构等；邯郸亚区的平行轴线结构、多轴汇聚结构等；沙河亚区的自

河北传统村落各亚区/片区空间骨架结构类型与中心、边界特征　　表7-6

编号	亚区/片区	骨架结构类型	中心特征	边界特征
Ⅰ-1	井陉亚区	类型一：轴线垂直抬升结构* 类型二：轴线纵深延展结构* 类型三：有机格网结构*** 类型四：大型城郭结构*****	多数村落无明确几何中心，重要公共建筑沿主街分布	自然边界：山体、沟壑； 人工边界：农田、城墙
Ⅰ-2	邢台亚区	类型一：轴线纵深延展结构* 类型二：平行轴线结构**	多数村落无明确几何中心，重要公共建筑沿主街分布； 个别村落公共建筑群统领全村	自然边界：山体、河道； 人工边界：农田
Ⅱ-1	邯郸亚区	类型一：平行轴线结构** 类型二：多轴汇聚结构** 类型三：有机格网结构*** 类型四：正交格网结构**** 类型五：放射格网结构****	多数村落无明确几何中心，重要公共建筑沿主街分布	自然边界：山体、沟壑； 人工边界：梯田、寨墙
Ⅱ-2	沙河亚区	类型一：轴线垂直抬升结构* 类型二：有机格网结构*** 类型三：自由延展结构***	少数村落无明确几何中心，重要公共建筑沿主街分布； 多数村落有数量不等围绕水塘的生活中心	自然边界：沟壑、河道； 人工边界：梯田
Ⅱ-3	平山亚区	类型一：平行轴线结构** 类型二：多轴汇聚结构**	多数村落无明确几何中心，重要公共建筑沿主街分布	自然边界：河道， 人工边界：梯田、林地
Ⅲ	冀中片区	类型一：有机格网结构*** 类型二：正交格网结构**** 类型三：放射格网结构****	多数村落无明确几何中心，活动中心围绕重要公共建筑散布	自然边界：水淀、山体； 人工边界：农田、林地
Ⅳ-1	蔚县亚区	类型一：一字形结构***** 类型二：十字形结构***** 类型三：丰字形结构***** 类型四：田字形结构***** 类型五：大型城郭结构*****	村落主街为线性几何及活动中心	自然边界：沟壑； 人工边界：堡墙、农田
Ⅳ-2	怀安-怀来亚区	类型一：轴线垂直抬升结构* 类型二：一字形结构***** 类型三：丰字形结构***** 类型四：大型城郭结构*****	多数村落无明确几何中心，重要公共建筑沿主街分布	自然边界：沟壑； 人工边界：堡墙、农田

"*"号代表大类划分：*—单一轴线型村落；**—多轴线型村落；***—有机网络型村落；****—规则网络型村落；*****—堡墙围合型村落。

由延展结构等；平山亚区的平行轴线结构等；冀中片区的有机格网结构等；怀安–怀来亚区的轴线垂直抬升结构等。在这些类型的村落结构中起到绝对支撑作用的是与等高线关系密切的主街。它们或贯穿村落所在的谷底纵深分布，或间隔一定高差平行于等高线延展分布，又或通过村落中心与等高线正交分布。

丘陵地貌的村落因地形起伏比山地要舒缓很多，村落的骨架结构可以形成格网，但地形的微妙高差，又使得骨架结构曲折多变，比较典型的有邯郸亚区的有机格网结构。平原（含水淀）村落空间结构呈现出更加舒展、均质的特征，村落空间往往存在纵横相交的多重轴网，比较典型的有冀中片区的正交格网结构、放射格网结构等。

除此之外，出于防御目的营造的城堡型村落，其空间结构基本都会呈现较为规整的方格网形式，并根据规模的不同，产生主次骨架的演变。典型类型有蔚县亚区村堡中的一字形结构、十字形结构、丰字形结构、田字形结构，以及怀安–怀来亚区的大型城郭结构、丰字形骨架结构等。

大多数河北传统村落都没有明确的几何中心，重要公共建筑多沿一条或多条主街分布。由此衍生出的各种公共空间，逐渐成为村落中具备不同影响力的活力中心。以沙河亚区为代表的部分村落，会在水塘周边形成生活中心。城堡型村落往往以单一主街为线性几何中心，在其中容纳交通与生活的多重功能。与此同时，如果村落围绕大型庙宇、庄园等建筑群落布局和生长，它们会形成该村的精神中心，为村民提供归属感和安全感。

河北传统村落的边界可以概括为自然与人工两类，自然边界包括山体、沟壑、河道、水淀等；人工边界多为生产用的农田、梯田、林地，以及防御用的堡墙。

7.2.5 街巷空间

1. 空间类型

传统村落的街巷空间组织方式与城市不同，没有系统性的规划，而是在村落的发展过程中，村民结合地形地貌逐步修建成型，是人工与自然有机互动的产物。尤其是在山地、丘陵地貌的驱使下，街巷空间各要素的组织形式呈现出极为复杂多变的特质。鉴于传统宽高比的空间分析方法在这种条件下无法进行准确、合理的赋值，且河北传统村落中建筑的高度多为1～2层，因此本研究采用"整体空间体验+界面围合宽度"的方式，对各个区域典型样本村落的街巷空间模式进行总结。

总体而言，街巷空间从狭窄到开放的逐级变化，大致可以分为紧凑型（平均围合宽度1.5~3米）、舒适型（平均围合宽度4~5米）、宽敞型（平均围合宽度6~9米）、空旷型（平均围合宽度大于10米）、景观型（单侧或两侧无围合界面）共5类。

紧凑型街巷空间是河北传统村落中最为常见的类型，各区域的平均宽度不等，最大值不超过3.5米。多为村落中的宅前、宅间入户道路，也是村落中最低级别的街巷空间。此类街巷宽度较窄，很多情况下仅能勉强容纳两人通行，加之两侧建筑墙体高大、封闭，构成了此类街巷紧凑的空间体验。尤其是邢台亚区、沙河亚区等区域山地村落中的地形高差，进一步加剧了空间的压迫感。

舒适型街巷也是河北传统村落中较为常见的空间类型。此类街巷宽度为3~7.5米，多为村落中的主街，承担人员通行、公共生活集散的核心功能。两侧建筑的平均高度虽然与紧凑型街巷并无太大差异，但由于宽度适宜，以及沿街开放的各类建筑，街巷在满足安全感的同时，承载了人群的多样化活动，提供了较为舒适的空间感受。

宽敞型街巷在半数以上的亚区/片区中承担了重要的交通职能。此类街巷多为规模中等偏大村落中的主路，例如井陉亚区的宋古城村、邢台亚区的皇寺村、邯郸亚区的什里店村。街巷两侧建筑相对开放，且不少为公共建筑，是人群活动的聚集场所。随着时代的发展，这些道路还承载起舒适型街巷主街所不具备的机动车通行功能，有着相对复杂的交通环境。由于街巷宽度多为6~10米，而营造出了相对开敞的空间体验。

空旷型街巷空间仅在邯郸亚区、冀中片区的传统村落样本中出现，多为近些年新建的穿村公路，承载着对外交通联系的重要功能。空旷型街巷两侧建筑的距离最远，平均在12米以上。加之其主体空间供车辆快速通行，行人不会过多停留，是村落内部的外向性空间。

景观型街巷是比较特殊的类型，它在不同区域内具有不同的形式。总体而言，此类街巷多分布在村落的边缘，一侧是建筑，另一侧是自然景观。建筑一侧对于空间围合的影响并无实质性差别，自然景观一侧却会因村落所在的地形地貌，而产生较大差异。如环绕在冀中片区圈头村四周的水体、国公营村四周的农田、沙河亚区渐凹村四周的崖壁等。此外，当村落中有桥梁时，桥上的空间会成为街道不可分割的组成部分，并成为体验传统村落与自然对话的绝佳场所。

2. 街巷界面

河北传统村落与普通村落最大的区别，就是有大量的历史街巷仍保留着石板或石块铺砌的路面，这些传统材料构成的底界面，成为传统村落最为鲜明的符号之一（表7-7）。村落中主要供机动车通行的道路以及部分近些年铺设的巷道，采用了水泥路面。

　　侧界面是河北传统村落街巷空间丰富性的主要来源，它的构成要素

河北传统村落各亚区/片区街巷空间类型及各界面要素　　　　表7-7

编号	亚区/片区	空间类型/围合宽度	底界面	侧界面	顶界面	景界面
I-1	井陉亚区	紧凑型：1.8~2.7米；舒适型：3~5.6米；宽敞型：6~9米；景观型：∞	石板路、石块路、水泥路	民居（砖石墙、门、窗）、公共建筑、台阶坡道、景观	树冠、建筑挑檐（较小）	阁、城门、街道纵深、街道转折
I-2	邢台亚区	紧凑型：1.7~2米；舒适型：4~5米；宽敞型：9~10米	石板路、石块路、石台阶、水泥路	民居（石墙、门、窗）、公共建筑、台阶坡道、景观	树冠、建筑挑檐（较小）	街道纵深、街道转折
II-1	邯郸亚区	紧凑型：1.8~3.5米；舒适型：4.5~7米；宽敞型：8~9.5米；空旷型：12米+	石板路、石块路、水泥路、排水渠	民居（砖石墙、门、窗）、公共建筑、台阶坡道、景观	树冠、建筑挑檐（较小）	阁、巷门、街道纵深、街道转折
II-2	沙河亚区	紧凑型：2.2~3米；舒适型：3.7~4.4米；景观型：∞	石块路、水泥路	民居（砖石墙、门、窗）、公共建筑、台阶、挡墙、景观	树冠、建筑挑檐（较小）	街道纵深、街道转折
II-3	平山亚区	紧凑型：2~2.5米；舒适型：4~5米；景观型：∞	石板路、石块路、水泥路	民居（砖石墙、门、窗）、公共建筑、台阶坡道、景观	树冠、建筑挑檐（较小）	阁、街道纵深、街道转折
III	冀中片区	紧凑型：1.4~2.8米；宽敞型：7~8米；空旷型：13米+；景观型：∞	石块路、石块路、水泥路	民居（砖石墙、门、窗）、公共建筑、集市、坡道、景观	树冠、建筑挑檐（较小）	街道纵深、街道转折
IV-1	蔚县亚区	紧凑型：3~3.5米；舒适型：4.5~7.5米；宽敞型：6~10.5米；景观型：∞	石板路、土路、水泥路	民居（砖土墙、门、窗）、公共建筑、夯土墙、景观	建筑挑檐（较小）	真武庙、堡门、街道纵深

编号	亚区/片区	空间类型/围合宽度	底界面	侧界面	顶界面	景界面
IV-2	怀安-怀来亚区	紧凑型：1.4~3米； 舒适型：3.5~5米； 宽敞型：7~10米； 景观型：∞	石板路、土路、水泥路	民居（砖土墙、门、窗）、公共建筑、夯土墙、砖包土城墙、景观	建筑挑檐（较小）	城门、堡门、街道纵深、街道转折

包括民居的院墙、门、窗、戏台、店铺、庙宇等。山地村落因复杂的地形环境，侧界面还会出现坡道或者台阶等构筑物。在防御型村落中，堡墙也会成为街巷侧界面的重要组成部分。地质构造的差异，也造就了侧界面构成要素在材质上的区别，井陉亚区、邯郸亚区、沙河亚区传统村落街巷侧界面要素中的墙体主要为砖石砌筑，而蔚县亚区、怀安-怀来亚区的侧界面墙体则很大一部分采用夯土材质。

相对于底界面和侧界面，顶界面在河北各处的传统村落中普遍单调，除了出挑较小的屋檐以外，山地村落中树木的树冠为街巷提供了自然形态的顶界面。

具有特色景界面的街巷并不多，其中最为显著的对景要素是人工构筑物，包括驿道沿线村落入口处的阁、历史重镇的城门、邯郸亚区部分村落中的巷门，以及村堡中的真武庙和堡门。随着街巷交织与走势变化，常见的对景分为街道的纵深和转折两种情况。街巷较长的时候，其纵深并不可一览无余；而当街巷较短，且尽端没有遮蔽时，往往可以看见自然的景色；当街巷走势蜿蜒，或者街巷网格不贯通时，街巷尽端的对景则主要由民居或公共建筑构成。

7.2.6　典型公共建筑与特色空间

按照功能划分，河北传统村落的节点空间，主要有生产、生活、通行与防御、精神与文化四类；从其物质构成来看，包括典型公共建筑与特色空间两类。这些节点空间既包括阁、堡门、敌台、山地村落的排水系统等极具地方特色的部分，也涵盖各亚区/片区中较为常见的庙宇、戏台、树下广场、石磨/碾/井空间等内容。

1. 典型公共建筑类型与分布

纵观河北各亚区/片区的典型公共建筑，庙宇和戏台几乎是各传统村落必不可少的精神文化性建筑（表7-8）。然而由于地域的差异，庙

编号	亚区/片区	典型公共建筑	分布特征	特色空间	分布特征
I-1	井陉亚区	A. 阁； B. 庙宇； C. 戏台； D. 城门/瓮城； E. 瓷窑	A. 村落出入口； B. 村落主要街巷旁； C. 村落主要街巷旁； D. 村落出入口； E. 沿河街巷旁	a. 驿道； b. 公共建筑广场； c. 树下广场； d. 石磨/碾/井	a. 村落中部； b. 公共建筑门前； c. 古树旁； d. 村落主要街巷旁
I-2	邢台亚区	A. 阁； B. 寨门； C. 庙宇	A. 村落出入口； B. 村落出入口； C. 村落主要街巷旁	a. 公共建筑广场； b. 树下广场； c. 排洪沟； d. 石磨/碾/井	a. 公共建筑门前； b. 古树旁； c. 村落中部和边界； d. 村落主要街巷旁
II-1	邯郸亚区	A. 阁； B. 庙宇； C. 戏台； D. 山寨	A. 村落出入口； B. 村落主要街巷旁； C. 村落主要街巷旁； D. 村边山顶	a. 水渠； b. 排水沟； c. 公共建筑广场； d. 树下广场； e. 石磨/碾/井； f. 旱作梯田	a. 村落主要街巷； b. 村落主要街巷； c. 公共建筑门前； d. 古树旁； e. 村落主要街巷旁； f. 村落四周
II-2	沙河亚区	A. 庙宇； B. 戏台； C. 券门	A. 村落主要街巷旁； B. 村落主要街巷旁； C. 村落出入口	a. 旱作梯田； b. 公共建筑广场； c. 树下广场； d. 水池； e. 石磨/碾/井； f. 旱作梯田	a. 村落四周； b. 公共建筑门前； c. 古树旁； d. 村落各处； e. 村落主要街巷旁； f. 村落四周
II-3	平山亚区	A. 阁； B. 庙宇； C. 戏台； D. 磨坊	A. 村落出入口； B. 村落主要街巷旁； C. 村落主要街巷旁； D. 村落主要街巷旁	a. 古桥/河道； b. 公共建筑广场； c. 树下广场； d. 石磨/碾/井	a. 村落出入口； b. 公共建筑门前； c. 古树旁； d. 村落主要街巷旁
III	冀中片区	A. 庙宇； B. 戏台	A. 村落主要街巷旁； B. 村落主要街巷旁	a. 码头； b. 公共建筑广场； c. 树下广场； d. 石磨/碾/井	a. 村落四周； b. 公共建筑门前； c. 古树旁； d. 村落主要街巷旁
IV-1	蔚县亚区	A. 堡门/瓮城； B. 庙宇； C. 戏台； D. 真武庙	A. 村落出入口； B. 村落堡门/主街； C. 村落堡门/堡门外； D. 堡门正对尽端	a. 主街； b. 公共建筑广场	a. 村落中部； b. 公共建筑门前
IV-2	怀安-怀来 亚区	A. 城门/堡门； B. 庙宇； C. 戏台； D. 邮驿建筑	A. 村落出入口； B. 村落主要街巷旁； C. 村落主要街巷旁； D. 村落主要街巷旁	a. 驿道； b. 公共建筑广场； c. 树下广场； d. 石井	a. 村落中部； b. 公共建筑门前； c. 古树旁； d. 村落主要街巷旁

宇和戏台的具体形式存在着较大的差异，蔚县亚区连年的战事匪患以及相对平坦、难以据守的地貌环境，催生了众多庙宇，在堡门外、堡门上、主街沿线均有分布，包括真武庙、关帝（老爷）庙、五道庙、三官庙等，所承载的功能以尚武、平安为特色，兼顾对美好生活的祈盼。修建在主街北端的真武庙，还成为兼顾瞭望功能的全村制高点。而邯郸亚区、井陉亚区等会遭受更多自然灾害的地区，庙宇的功能则更侧重于祈求风调雨顺、财富安康，如土地庙、观音庙、龙王庙等。这些庙宇的分布较为广泛，或集中分布在村落中心的水塘边，或分散布置在村中主要道路及交叉路口旁。

戏台在河北省的多数地区是形制相似的独立建筑，仅在蔚县的村堡中，出现了利用堡门背面修建穿心戏楼的案例。该模式可以在保持村落的防御力和节约空间的同时，为村民提供集会、娱乐的文化场所。随着时代变迁，在和平年代，不少村落在正对堡门的地方，开始修建较为独立的戏台，体现了传统村落公共建筑功能的历史变迁。

另一种较为常见的公共建筑是阁/城门/堡门/券门/寨门，这是一种承担村落主要出入口功能的标志物，具有较强的防御功能。其基本构成形态是一座石砌的拱券门，根据村落防御需求的不同，上面可修建木结构坡屋顶的阁，用以提供瞭望和祈福的功能。如果配合城墙和城门的修建，则可进一步构成城门/堡门/寨门等防御体系。在井陉亚区、邯郸亚区等驿道沿线的传统村落中，村落出入口往往都会建造阁，作为驿道与村落相交处的标志物。而在邢台亚区、沙河亚区、平山亚区，由于没有贯穿全村的驿道，村落通常仅在入口处修建阁。在受战争威胁较大的蔚县亚区、怀安-怀来亚区，则修建高大的城门/堡门，以捍卫村落的安全。而冀中片区的平原村落鲜有此类建筑出现，这与当地平坦的地貌、较少的战事不无关系。

除了上述较为常见的公共建筑，各区域还出现了瓷窑、山寨、邮驿等特色公共建筑。它们在当下已经失去了自身的基本功能，只是作为村落的标志性建筑，供游人参观，承载着村落文化遗产展示的功能。

2. 特色空间类型与分布

特色空间与公共建筑密不可分。多数情况下，在河北传统村落的戏台、庙宇、城门等公共建筑的一侧都会有一块规模较大的公共空间，以供相关活动使用。随着时代的发展，每个村落都会修建集行政、医疗卫生等功能于一身的村委会建筑，村委会前通常设有较大面积的水泥硬化广场，成为村民集会活动的新场地。此外，传统村落中的百年古树，往往也是村民日常生活聚集的重要场所，不论是夏季乘凉，还是冬季晒太阳，这些古树周围总会聚集不少村民谈心聊天。因为古树往往分布在村落的主要街巷旁，它又成为村中消息传播的重要途径。

与生产生活息息相关的特色空间主要包括石磨、石碾、石井、水池、旱作梯田等。石磨、石碾、石井、水池通常分布在村落的中部或者主要街巷一侧，它们通常会配建一块专属的小型空间，以供劳作和装卸物资需要。日常劳作需要多人配合的时候，大家常会边劳作边聊天，使得这一类型的生产空间具备了较强的生活属性。旱作梯田主要分布在邯郸亚区、沙河亚区的传统村落周围，与普通农田的不同之处在于其空间与村落产生了更多的互动，强化了北方传统村落在人们心中的印象。除了农业生产的基本属性，梯田漫山遍野、层层爬升的视觉效果，也构成了极具代表性的乡土景观。

蔚县亚区、怀安-怀来亚区气候干旱，少有其他亚区/片区那样的树下广场空间；并且由于堡墙的围合，村内空间相对紧张，较宽的主街承载了大多数的公共活动，成为与众不同的线性公共空间。其他具有较强地域性的特色空间还有驿道、码头等，它们也是人与自然积极互动的产物。

7.2.7 民居院落

1. 规模与布局

河北传统村落的民居类型丰富，从院落组合形式来看，三合院和四合院是最为常见平面布局模式，且多数亚区/片区村落民居均是多样化的具体体现（表7-9）。一合院的案例相对较少，主要有平山亚区的窑楼民居与怀安-怀来亚区的碹窑。窑楼民居是一种下窑上房的单体建筑，而碹窑通常会在建筑前修建矩形的夯土围墙，构成完整的围合院落。在近半数的亚区/片区中，家境殷实且人口较多的家庭，会通过院落组合，对宅院空间进行扩展，形成多进或者多跨的合院。其中，规模较大的民居院落组合形式有邯郸亚区的"九门相照院"和蔚县亚区的连环套院，规模最大者达到了四进三跨。

2. 构造与材料

河北传统村落中的民居建筑按照屋顶形式可分为平屋顶和坡屋顶两类。其中平屋顶建筑多为单层。山区传统村落往往以石块砌筑为主，丘陵及平原地区传统村落则更多采用砖、石材料混合砌筑，在蔚县亚区、怀安-怀来亚区还出现了大量以夯土砖和青砖为建造材料的平屋顶民

编号	亚区/片区	典型民居	层数	院内高差	院落组合	建筑材料
I-1	井陉亚区	石窑三合院	1层	—	—	石、木、灰
		山区四合院	1~2层	—	1~2进	石、砖、木、瓦
		叠拼式院落	1~2层	1层	2进	石、砖、木、瓦、灰
I-2	邢台亚区	平顶石头房	1~2层	—	1~2进	石、砖、木、灰
		石板石头房	1~3层	随坡就势	—	石、木
II-1	邯郸亚区	两甩袖	1~2层	—	1~2进、1~2跨	石、砖、土、木、瓦、灰
		九门相照院	1~2层	—	4进2跨	石、砖、木、瓦、灰
II-2	沙河亚区	山麓丘陵多进院	1层	—	1~3进	砖、木、瓦、灰
		瓦顶石头房	1~3层	—	1~2进	石、砖、木、瓦、灰
II-3	平山亚区	窑楼民居	2层	1层	—	石、砖、土、木、瓦
		砖石四合院	1层	—	—	石、砖、木、瓦
III	冀中片区	窑上院	2层	—	—	石、砖、木、瓦
		水区民宅	1层	—	—	砖、木、瓦、灰
		腰棚民居	2层	—	—	砖、木、瓦
		京西四合院	1层	—	1~2跨	石、砖、木、瓦
		平原多进院	1层	—	1~4进、1~3跨	砖、木、瓦
IV-1	蔚县亚区	独院式院落	1层	—	—	砖、土、木、瓦
		多进式院落	1层	—	1~3进	砖、木、瓦
		连环套院	1层	—	1~4进、1~3跨	砖、木、瓦
IV-2	怀安-怀来亚区	磙窑	1层	—	—	土、木、灰

居。除了墙承载、木屋架、抹灰顶等工法，井陉亚区的石窑三合院和怀安-怀来亚区的磙窑，均采用了利用石块或夯土砖砌拱发券的做法，在节省木料的同时，创造了良好的建筑热工环境。平屋顶民居的另一特点在于可以利用屋面晾晒谷物和便于扩充空间，这大大缓解了山区紧张的用地条件，尤其是结合错层与高差。屋面与相同标高的街巷相结合，创造出更大面积的节点空间，为村民的日常生活提供便利，而白洋淀内村落的平屋顶还可在水患发生时，提供临时避难场所。

坡屋顶建筑的层数为1~3层。其中，山地村落中坡屋顶民居的层数普遍多于丘陵及平原村落，石砌坡屋顶民居的层数普遍多于砖砌民居。造成这一差别的原因不难推断，山地村落民居因建设空间有限，只得沿着等高线层层布局，将建筑建成二层。这不仅可以使各标高的街巷均有完整的建筑围合，并且创造了进出院落的多种途径，还可以为民居提供更好的热工环境，提升居住品质。山区合院在尽可能保持坐北朝南的大格局下，巧妙地调整具体朝向，充分处理与复杂地形之间的关系。此外，坡屋顶的铺设材料以灰瓦为主，但在诸如邢台亚区等交通不便但石材丰富的地区，则有大量民居用石板铺设屋顶。

7.3 本章小结

通过对河北传统村落各片区内空间特征的比较分析，可以发现河北传统村落区域间的共性特征主要体现在"背山面水顺势，居高亲水敬水，邻近农田要道"的选址原则，且都十分注重处理与水环境的关系，在有效利用水资源的同时，努力减少水患带来的破坏。除此之外，河北传统村落8个亚区/片区中有5个与太行八陉有着不同程度的关联，这些村落见证了八陉的兴衰，是区域历史变迁的鲜活载体。河北传统村落样本的产生年代主要集中在明清时期，少量元及以前形成的村落，普遍分布在交通更加便利的地区，且历经数百年的发展，如今规模较大。现存传统村落的生成年代普遍没有他们周边的重要历史城镇久远，且以民居为主的传统村落，其物质遗存历经朝代更替，难以长久保存。由此可以推断出样本村落的空间格局受到了古代城市营建原则、礼制以及现实自然环境的多重制约。

河北传统村落区域间的个性特征体现在村落的分布密度、村落规模、影响文化、布局形态、空间结构、街巷空间、特色节点、民居院落等方面。其中，村落样本分布较多的地区为井陉亚区、沙河亚区、蔚县亚区，且密集程度呈现由中心向外围递减的趋势；邢台亚区、邯郸亚区、平山亚区的村落密度次之，但其村落分布较为平均；其余地区的村落样本分布相对稀少。河北各地传统村落样本的规模清晰地呈现出由北向南递增、由山地丘陵向平原地貌递增的双重趋势。

不同地区的影响文化各异，这些文化以显性和隐性两种状态作用于村落。如秦皇古驿文化、旱作梯田文化、邮驿文化等，由于具备强烈的物质属性，对村落的空间格局发挥了决定性作用；而燕赵文化、磁山文化、京畿文化等，则从宗族习俗等方面产生隐性影响，较少体现在村落的物理环境中。太行八陉在一定程度上促进了山西与河北在文化上的交流，晋文化的影响则更多体现在民居院落等微观层面。总体而言，自然环境仍旧是村落空间特征的第一决定要素。此外，非物质文化遗产承载着村民的日常生活与节庆习俗，与村落公共空间产生了丰富而紧密的互动，是文化在微观层面影响空间的直接体现。

村落的空间骨架结构与村落整体布局形态密不可分，更是村落中通行方式的直观体现。总体而言，山地、丘陵村落的空间骨架结构蜿蜒有机，而平原、水淀村落的空间结构更加规整，往往形成贯通的格网。

基于空间体验，将河北传统村街巷空间分为紧凑型、舒适型、宽敞型、空旷型和景观型5类。不同的界面有着多种构成要素，底界面要素以石板路、石块路为主，侧界面要素多为民居、公共建筑、墙体和景观等，顶界面要素有树冠及建筑挑檐，景界面要素则包括街道纵深和街道转折两种情况。

传统村落中的特色空间往往与公共建筑密不可分，其中庙宇、戏台是各村落必不可少的精神文化性建筑，建筑前往往修建较大面积的广场空间。树下广场、石磨/碾/井空间、水塘空间与人们的日常生产生活息息相关，配合放大的空间节点，共同构成村落的活力中心。

村落中的民居以三合院、四合院为主要平面布局模式，家境殷实的家族会因人口增长，而修建多跨、多进院落。民居建筑的层数一般为1~3层，山区民居层数普遍多于平原及丘陵地区。砖、石、夯土是砌筑建筑的主要材料，除了石窑和碹窑，其余民居的屋架均采用木构架。

参考文献

[1] STEINHARDT N S. Chinese Architecture：A History［M］. Princeton：Princeton University Press，2019.

[2] 鲁西奇. 散村与集村：传统中国的乡村聚落形态及其演变［J］. 华中师范大学学报（人文社会科学版），2013，52（04）：113-130.

[3] 尹钧科. 北京郊区村落发展史［M］. 北京：北京大学出版社，2001.

[4] 保定市地方志编纂委员会. 保定市志：第四册［M］. 北京：方志出版社，1999.

[5] 河北省怀来县地方志编纂委员会. 怀来县志［M］. 北京：中国对外翻译出版公司，2001.

结论

1. 河北传统村落地域综合分区

为打破以市级或者更高行政单元为范围研究传统村落的局限性，改变只见单一区域内村落个体特征，不见区域间村落区别与联系的片面认知方式，本研究首先从宏观维度对河北传统村落的分布及与其关系紧密的自然、文化、经济等主导因素进行分析，并通过GIS系统将各个信息图层进行叠加处理，采用影响优先的原则处理各种因素交叉影响的区域，进行河北传统村落的地域综合分区。

在长期的历史进程中，河北地域内区县级的行政边界与自然、文化、经济等要素有着较高的吻合度，且这一级别的行政单元往往自过去沿用至今，可以兼顾分区后基本行政区划的完整性。因此，本研究采用县级行政区划的边界作为研究片区边界划分的基本单元。

本研究以"地理方位+主导文化/语言片区"的方式命名，将具有相似社会历史文化背景、语言与生活方式，文化景观与文化属性聚集成片且独立的地理单元，划分为7个片区：冀西南赵深片区（简称冀西南片区）、冀南晋语片区（简称冀南片区）、冀中定霸片区（简称冀中片区）、冀西北涞阜片区（简称冀西北片区）、冀北塞外片区（简称冀北片区）、冀东北滨海片区（简称冀东北片区）和冀东黄乐片区（简称冀东片区）。由于冀北片区、冀东北片区和冀东片区可供研究的传统村落样本数量过少，本研究没有进一步展开类型化研究。

考虑到各片区内仍有着较为复杂的地貌差异以及丰富的传统村落布局形态、民居类型，将各片区进一步细分为7个亚区：井陉亚区、邢台亚区、邯郸亚区、沙河亚区、平山亚区、蔚县亚区、怀安-怀来亚区。

以综合分区为基础，从区域历史、地理的视角进一步分析村落不同维度的空间特征，有助于从地域性和文化性的角度去认识河北省全域的传统村落。这样做既符合村落作为最小社会单元的基本属性，又可通过单个区域内的纵向比较与多个区域间的横向比较，提炼出各片区的村落空间特征和彼此间差异。

2．河北传统村落分区空间特征

1）冀西南片区

该片区由井陉和邢台两个亚区构成。井陉亚区诸多传统村落的产生都与穿越井陉的秦皇古驿道息息相关，它们顺着驿道延展布局，形成了较为鲜明的轴线结构。其余分布在山地及丘陵地貌的传统村落则依山就势布局，或沿山谷抬升，或在山垴平铺，或依丘陵起伏。井陉窑在历史上对区域的发展也起到了积极的促进作用，产生了村窑共生、沿河布局的特殊形式。驿道和等高线是构成村落空间骨架结构的重要轴线，在此基础上结合村落形态，形成了轴线垂直抬升结构、轴线纵深延展结构、有机格网结构、大型城郭结构4类。由此，主街成为村落最核心的公共空间，不同类型的公共建筑分布于主街沿线，驿道村落在主街始末两端修建有特色建筑物"阁"，清晰地标记出空间的起止。冀西南片区的民居院落以合院为主，充分结合地形布局，除三合院、四合院外，还有跨越等高线修建的叠拼式院落。

嶂石岩地貌对于邢台亚区传统村落的建筑风貌产生了非常显著的影响，用红石块砌筑的建筑群落具有极高的辨识度。因所在地貌蜿蜒多变，邢台亚区丘陵谷地有机布局的传统村落或在沟壑毛细分布，或在山麓平坦生长。该亚区的第二类村落整体布局形式为祭祀庙宇群统领布局，村落的兴起和发展均围绕重要的精神性场所展开，这类庙宇也成为村落具有特殊意义的精神中心。第三类村落整体布局形式为山地防御石寨布局，村落背山面河，由石墙寨门保护，院落沿着主街层层爬升排布，与山势和谐共生。因此，邢台亚区的传统村落空间呈现出轴线纵深延展和平行轴线两种结构类型，其街巷空间相比于井陉亚区更加紧凑且富有层次。

2）冀南片区

该片区由邯郸、沙河和平山三个亚区构成，最突出的共同特征是三个亚区均属于晋语区。明代初年，山西有大量移民迁入河北各地，其中移民最为集中的地区便是冀南，因此该片区的传统村落内在有着较强的晋文化基因。村落宏观、中观的物理空间布局仍主要受制于自然环境，深层次的文化浸染则更多体现在院落及建筑层面。滏口陉对其穿越路径上分布的传统村落的空间形态有着较为直接的影响，而这一重要的军事、交通通道所带来的战争匪患，却对邯郸亚区、沙河亚区传统村落空间的内向防御性产生了间接却深刻的影响。旱作梯田和子牙河水系分别成为邯郸亚区和平山亚区山水格局、农耕景观的突出特征。

邯郸亚区传统村落整体布局主要呼应自然与人文两大要素，分别形成了深山谷地随势布局、平缓丘陵延展布局、丘陵谷地有机布局、滏口陉沿线布局、古山寨布局、村窑共生沿河布局6类，为各亚区之最。丘陵地貌分布的村落空间多呈现有机格网结构，而山区分布的村落空间则呈现平行轴线结构和多轴汇聚结构。样本村落没有明显的几何中心；边界要么是与梯田相接的有机形态，要么是具有较强防御属性的人工形态。村中主街的尺度比较宽敞，但院落间的巷道却十分紧凑。出于防御目的，修建以高墙围合的内向型院落，使得多数邯郸亚区村落的巷道空间体验较为单调。"两甩袖"是该区域内院落平面布局的原型，并衍生出不同的多进、多跨组合模式。

沙河亚区的传统村落集中分布在西部山区的"三川地带"，村落布局形态与山势的缓急关系紧密。根据村落选址位置的不同，形成了山垴缓升布局、山坳蜿蜒布局、山沟紧凑布局、山麓扩展布局、平缓丘陵延展布局5种典型模式。山地村落空间多为自由延展结构和轴线垂直抬升结构，而丘陵村落则呈现有机格网结构。与河北其他地区不同，沙河亚区的许多村落都修建有规模不等的水塘，不仅可以提供生产生活用水，还成为村落公共活动的中心。山垴中村落数量众多也是沙河亚区的一大特色，村落被梯田环抱，梯田外则是陡峭的峡谷，壮美异常。由于该亚区中民居层数最多达到三层，建筑材料以青石块、红石块、青砖为主，加之村落所在的地形环境层次丰富，其街巷往往具有丰富、多变的空间体验。

平山亚区传统村落的样本数量较少，其与子牙河的支流滹沱河及其水系关系密切，因此整体格局均为深山谷地随势布局。随着地形转折不同，又分为平行轴线和多轴汇聚两种骨架结构。该亚区传统村落的街巷空间相对亲切舒适。村落边界的古河道、古石桥也成为特色鲜明的节点空间。区域内建筑的构造形式多样，既有窑房结合的民居，也有砖石修建的四合院。

3）冀中片区

该片区的传统村落样本沿着一条东西延展的轴线分布，巨大的空间跨度使得不同村落所处的地形地貌具有显著的差异。该片区中有村落在海河平原上行列布局，也有村落在白洋淀内密集布局，更有村落在太行山深山谷地随势布局。不同的地貌条件也决定了其不同的村落空间骨架结构，地形平坦的村落空间骨架结构为正交格网，水淀中央的村落为放射格网，而山地丘陵村落则为有机格网。

蒲阴陉对于区域内传统村落的直接影响较弱，自然环境在冀中传统村落空间特质塑造的过程中起到了更为显性的作用，农田、水淀和山岭成为不同质感的边界。平原村落的街巷相对宽敞，水淀村落因可建设的空间有限，极高的建筑密度使得街巷空间较为局促，山地、丘陵村落的街巷与其他片区相似地貌的村落没有太大差别。

4）冀西北片区

该片区由蔚县和怀安-怀来两个亚区组成，该地区地处较为封闭的高原盆地，与河北其他地区相对隔离，在自然和历史双重因素的影响下，形成了独特的塞外村落景观。与其他片区传统村落的另一个显著不同，是该区域的传统村落全部位于内长城防御体系以外，历史上游牧民族常年突破外长城前来掠夺资源，对当地人的生活造成了破坏。

出于防御需求，蔚县亚区绝大多数传统村落都为城堡型，即由完整的堡门和夯土堡墙围合。南北轴线规则布局是该亚区村落最为常见的平面形态，南侧开单一堡门，村落主街北尽端修筑高高抬起的真武庙，构成了蔚县村堡的原型。同时存在的整体布局形态还有东西轴线布局和自然顺势布局，它们均为传统空间布局原型结合具体地形地貌及其他发展条件产生的变体。一方面村堡的格局较为封闭，另一方面蔚县亚区的地形相对平缓、难以据守。因此当人口增长、村落需要扩张时，不会拆除现有堡墙，而是选择在邻近区域重新建立具有完整围合堡墙的新村，进而产生了双子堡、连环堡等村落组团模式。相对单一的整体布局也造就了其相对单一的空间结构，在方形堡墙围合的村落内部，不同数量、位置的路网组织模式，产生了一字形、十字形、丰字形和田字形4类典型骨架结构。街巷空间类型也较为趋同，因堡墙、堡门、真武庙的存在，封闭感和仪式感成为这些村落共同的特征。常年的战火使村民坚信祷告祈福的超现实力量，在村内外修建了十余种不同功能、不同形式的庙宇。蔚县亚区的民居院落受北京和山西四合院的影响显著，除独院式以外，也有多进、多跨的院落组合模式。

怀安-怀来亚区传统村落的布局形态更加多元，既有鸡鸣驿村、开阳村这样尺度较大、呈方形城郭布局的古代重镇，也有北庄堡村等小型方堡。坐落在台地上、采用围合布局的村落具有较强的防御性，其堡墙、敌台的尺度相比蔚县亚区的村落都要大上不少，这源于北方更加严峻的防御形势。成村年代较晚、不受游牧民族侵扰的村落，空间布局更为平缓舒展。村落的骨架结构也基于上述因素，形成了轴线垂直抬升结构、一字形结构、丰字形结构和大型城郭结构4类。因为树木稀少，怀安-怀来亚区产生了采用夯土砖砌筑的独特民居类型"土碹窑"，利用当地具有胶结力的黄土，打造了热工性能好、成本低的庇护场所。

3. 河北传统村落总体空间特征

通常一个地区传统村落的特征，会以一种较为鲜明的印象为大家所熟知。例如，安徽白墙灰瓦马头墙的徽派民居群，山西精雕细琢、气势恢宏的家族大院，福建高大内向，或圆或方的土楼。复杂的样本研究需要加以简化和提炼，还原出一个特征更加清晰明了的河北传统村落。这样做不仅具有科学研究价值，更具有十分积极的地域印象塑造与建筑文化传播的现实意义。

河北省南北700余公里的空间跨度孕育了复杂多变的地形地貌环境，诞生于其中的传统村落，长期受所在地域独特的自然与人文环境的影响，风貌千变万化，难以提炼出统一、具象的印象特征。因此，本书首先通过地域综合分区，将河北传统村落的多变特征在宏观尺度进行有效归集，在此基础上，从选址、整体布局、空间结构、公共空间、民居院落等角度，进一步凝练其中微观尺度的差异化空间特征。最后，开展区域间共性与个性特征的横向比较，建立对河北传统村落空间较为系统全面的认知。由此，可将河北传统村落的总体空间特征概括为"多元融合"，将其呈现出来的空间质感总结为"敦厚朴实"。

"多元"指的是河北传统村落的形成年代、分布环境、历史背景、规模密度等方面差异显著。样本村落的形成年代以明清时期为主，少量村落的形成年代更为久远。其中，成村更早的村落往往所处地理位置也更加优越，历经更长时期的发展，规模普遍也要大于形成年代较晚的村落。自然因素是河北传统村落空间"多元"特征形成的主要原因，它对村落整体布局起决定作用。但这一影响因素在河北北部地区的主导性逐渐减弱，变为自然与历史要素共同主导，由南到北呈现出从丰富多变向简单鲜明转变的趋势。冀南、冀中片区的村落分布在太行山脉沿线，但是由于所处的具体地貌不同，其布局形态表现出较大差异。平原村落的规模最大，呈规整的行列式布局；山地、丘陵村落受具体地形起伏程度的影响，其规模在中等至较大之间，村落呈现顺沿等高线逐层营建的顺势布局；深山区村落规模较小，布局形态更为有机。

"融合"的特征体现在河北传统村落的空间分布、选址、院落营建等方面均采用了因地制宜的原则，并且与各类文化均产生了不同程度的交融。

多数现存的河北传统村落样本分布在太行山山区或者山麓丘陵地

带。在生产力较为落后的古代，这意味着只有合理地处理人地关系，才能获得安全稳定的生存发展。除此之外，鉴于村落是农耕文明的产物，即使在高原盆地和水淀等相对平坦富庶的地区，人们在村落择址、院落布局、土地修整时，仍会谨遵"背山面水顺势，居高亲水敬水，邻近农田要道"的基本原则。

河北悠久的历史文化以及重要的战略位置，使得传统村落在受到历史文化和经济交通因素的影响时，表现出隐性和显性两种状态。隐性影响更多是来源于片区内不同阶段的文化及历史事件，对民众的影响是潜移默化的，诸如燕赵文化、磁山文化、京畿文化等，它们是村民地域归属感和文化认同感的重要组成部分，但较少直接作用于村落空间特质的塑造。显性影响则对村落空间特征形成产生直接关联，例如太行八陉对于沿线传统村落格局的影响，边塞文化对于蔚县村堡防御体系的影响，又如晋文化对于河北晋语区及与山西接壤地区民居特征的影响等。总体而言，人类在改造自然能力较弱的时期，一切的建设与发展需要与自然环境紧密呼应，显性影响文化通过与自然因素的结合，实现对村落空间的引导。随着生产力的发展以及战乱的逐渐减少，隐性影响文化的内在作用会慢慢显现，村落中具有文化、精神信仰属性的空间与建筑逐渐增多。此外，非物质文化遗产作为最具日常化、生活化的微观文化类型，通过村落公共空间的承载，凝聚了鲜活的村落集体记忆。

因太行山的阻隔，在交通不发达的年代，河北各区域的传统村落在南北方向上的相互影响十分微弱。但太行八陉这一特殊地貌的存在，为其沿线的河北传统村落与山西的交流创造了东西方向的廊道。如果说，北方游牧民族入侵带来的是相对被动的文化交流，那么无论是直接移民，还是空间接壤，都主动促使晋文化对河北传统村落的微观空间产生了深刻影响。

"敦厚朴实"则是指村落中街巷、院落营造工法的简朴、在地材料的运用，以及各类公共建筑、公共空间所散发出来的厚重感与生活感。

单从围合要素的不同空间组织形式，河北传统村落的街巷空间便可呈现出紧凑、舒适、宽敞、空旷等不同的身心体验。而街巷各界面中参与空间互动的要素更是丰富多样。既有材质多样的地面铺装，也有构造不同的民居建筑，还有起、承、转、合的台阶坡道，更有步移景异的尽端对景。村民运用最简单的自然材料，依托顺势修整的地貌环境，创造出了无可比拟的精彩体验。院落的营造亦是如此，石块、夯土、青砖、木材成为民居常见的建造材料，饱含着我国北方民居所独有的厚重感，通过最为简单的砌筑方式，形成了一座座踏实又有触感的传统建筑，见证了历史，同时也记录了生活。

河北传统村落鲜有明显的几何中心，因此各类活力中心会随着不同的公共空间要素，分布在村中的主要街巷沿线。戏台及其附属的广场成为村民日常集会、参与文艺活动的重要场所；各类庙宇，在村民婚丧嫁娶与年节假日中扮演着不可或缺的角色；水池、石磨/碾/井旁的空地，都成为村民在劳作时谈天说地、共话家常的交往空间。

致谢

　　本书源于我的博士论文《河北传统村落空间特征研究》。对其推敲优化的过程，更是一场科研回顾与自我反思之旅。为研究本身尚存诸多不足深感焦虑的同时，也为自己多年前坚定地走入田野，探寻上百座传统村落的行动备受鼓舞。

　　首先，要向我的导师张大玉教授道一声感谢，加入研究团队至今，他严谨的科研态度和开阔的格局视野，使我能够不被求学道路上的纷繁杂乱所干扰，始终坚定目标、笃定前行。在张老师一遍又一遍地耐心指导下，论文不断修改完善并最终成稿。本研究还受到张老师的国家自然科学基金面上项目"京津冀地区传统村落空间结构特征及优化整合研究"和国家自然科学基金重点项目"中国传统村落保护发展的理论与方法研究"的支持，得以顺利完成大量田野调查、分析、撰写、出版等工作。

　　与此同时，衷心感谢博士论文答辩委员会主席张玉坤教授，以及汤羽扬教授、赵中枢教授、张杰教授、杨昌鸣教授、田林教授、范霄鹏教授、刘临安教授、金秋野教授、欧阳文教授，他们在论文开题、中期、预答辩、答辩等阶段，给予真知灼见、为我指点迷津，对本研究能够更好地完成发挥了至关重要的作用。由于个人能力有限，专家们提出的诸多建议并未能逐一完善，我也将在今后的职业生涯中继续探索，不辜负他们的殷切期待。还要感谢答辩秘书张曼副教授，她的辛苦组织使得各阶段的答辩会均得以顺利举行。

　　田野调查是本研究的核心信息来源，感谢蔡超副教授、王韬副教授所提供的技术支持，让我能够利用无人机采集到大量的航拍信息，成为本研究最扎实的分析依据。更要感谢北京未来城市设计高精尖创新中心及李雪华教授为我提供的宝贵科研机遇和良好工作环境。

一些师门同窗也在研究的不同阶段给我提供了大量帮助，从张家口传统村落的调研，到不少地区村落肌理图纸的绘制，都离不开好友李源先生的大力支持。孙瑞女士、陈旭女士在研究的前期工作中，为我提供了丰富的史料信息，在此一并向她们表达深深的谢意。

研究过程的自始至终都伴随着家人和朋友们的坚定支持。父亲甘宝贵先生、母亲王海华女士，还有其他关心我的亲人，是我最坚强、最安心的后盾，也是我能够心无旁骛追寻学术理想至今的依靠。还要感谢好友张任女士、李鹏先生、王偲女士、石佳鑫先生、张鹏远先生、李佳霓女士、方航博士、刘祺超先生、宝日格勒先生、王珣女士、谢廷鹄先生，他们表达关怀的方式虽各有不同，但却始终能让我感受到友谊的温暖。本书的顺利出版，更是离不开中国建筑工业出版社张建编辑的悉心指导与细致编辑，以及河北省住房和城乡建设厅马锐先生的支持与帮助。最后，我要特别感谢我的妻子龙林格格博士，谢谢她一直以来无微不至的关怀与照料。不论是七八月份不畏酷暑与我一同前往太行山区调查百余座传统村落，还是回到校园，为研究分析、图纸绘制提供有力支持，都是我能够最终完成本书的重要助力，更让我体会到学术伉俪所特有的浪漫情怀。